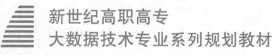

新世纪高职高专
大数据技术专业系列规划教材

微课版

Python
项目化开发实践

新世纪高职高专教材编审委员会 组编

主　编　郝连祥　李　奎　陶清义
副主编　姜艳娇　吴沣恒　吴永洪
参　编　吴发木　权晓文

U0245294

大连理工大学出版社

图书在版编目(CIP)数据

Python 项目化开发实践 / 郝连祥，李奎，陶清义主
编. --大连：大连理工大学出版社，2021.11(2022.11 重印)
新世纪高职高专大数据技术专业系列规划教材
ISBN 978-7-5685-3355-3

Ⅰ. ①P… Ⅱ. ①郝… ②李… ③陶… Ⅲ. ①软件工
具－程序设计－高等职业教育－教材 Ⅳ. ①TP311.561

中国版本图书馆 CIP 数据核字(2021)第 222085 号

大连理工大学出版社出版
地址：大连市软件园路 80 号 邮政编码：116023
发行：0411-84708842 邮购：0411-84708943 传真：0411-84701466
E-mail：dutp@dutp.cn URL：http://dutp.dlut.edu.cn
大连图腾彩色印刷有限公司印刷 大连理工大学出版社发行

幅面尺寸：185mm×260mm 印张：14 字数：323 千字
2021 年 11 月第 1 版 2022 年 11 月第 4 次印刷

责任编辑：高智银 责任校对：李 红
封面设计：张 莹

ISBN 978-7-5685-3355-3 定 价：47.80 元

本书如有印装质量问题，请与我社发行部联系更换。

前　言

　　《Python 项目化开发实践》是新世纪高职高专教材编审委员会组编的大数据技术专业系列规划教材之一。

　　Python 是一种解释性、编译性、互动性强的面向对象高级程序设计语言。由于 Python 语法简洁、入门简单,因此被业界推荐为学习程序设计的最佳入门语言。如果你之前没有任何编程语言经验,那么既简单又强大的 Python 将是你入门的最佳选择。Python 语言简单易学、功能强大,在各种语言排行榜中位居前列,现已成为热门的编程语言之一。Python 语言目前在全世界形成了稳定的用户社群,人们已经用 Python 开发了大量实际应用系统,也积累了许多基础资源。

　　本教材专门针对 Python 新手量身定制,是编者学习和使用 Python 开发和教学过程中的经验总结。本教材内容以项目为载体,从初学者角度出发,将理论知识融入项目实现过程,循序渐进地讲解 Python 基础知识,达到理论与实践相融合的效果。全书共分为 7 个项目,包括编写收银小程序、编写通信录、编写健康助手小程序、编写科赫雪花程序、编写词云程序、编写电子宠物程序、200 行代码实现 2048 小游戏。在项目实现过程中涵盖了 Python 语法、数据类型、流程控制、函数、文件操作、面向对象等相关知识。本教材将帮助读者学习和掌握 Python 编程的基本方法,为今后进阶 Python 相关高级应用奠定基础。

　　本教材将社会主义核心价值观、职业道德、工匠精神、团队合作等内容确定为引入课堂的思政元素,在教学中因势利导、潜移默化地引导学生,将个人的成才梦有机融入实现中华民族伟大复兴的中国梦的思想认识中,使思想政治理论课与 Python 专业课程紧密结合,同向同行,形成了思政教育协同效应。

新世纪

为了方便读者使用和教师教学,本教材配套提供了微课、PPT、项目代码、教学大纲、教学计划、电子教案等数字化教学资源,读者可以通过访问职教数字化服务平台获取资源。

本教材由贵州电子商务职业技术学院郝连祥、李奎、陶清义任主编,贵州电子商务职业技术学院姜艳娇、吴沣恒、吴永洪任副主编,贵州电子商务职业技术学院吴发木、远江盛邦(北京)网络安全科技股份有限公司董事长兼总经理权晓文参与编写。具体编写分工如下:项目 1 由吴发木编写,项目 2 由吴沣恒编写,项目 3 由李奎编写,项目 4 由姜艳娇编写,项目 5 由吴永洪编写,项目 6 由陶清义编写,项目 7 由郝连祥编写;权晓文根据行业与工作岗位需要为全书审核、设计案例、编写代码,为本教材的编写提供了巨大的支持。

在编写本教材的过程中,编者参考、引用和改编了国内外出版物中的相关资料以及网络资源,在此表示深深的谢意! 相关著作权人看到本教材后,请与出版社联系,出版社将按照相关法律的规定支付稿酬。

由于时间仓促,再加上编者水平有限,书中难免有错误和疏漏之处,敬请广大读者批评指正。

编　者
2021 年 11 月

所有意见和建议请发往:dutpgz@163.com
欢迎访问职教数字化服务平台:http://sve.dutpbook.com
联系电话:0411-84706671　84707492

目　录

本书微课视频列表

（续表）

项目 1

编写收银小程序

本项目将学习搭建 Python 开发环境和集成开发环境,并通过 Python 编写一个收银小程序。项目学习完成后,将掌握 Python 基本应用技能,树立德智体美劳全面发展意识,培养正确的世界观、人生观、价值观。

在实现小程序之前,会先了解 Python 的定义及发展历程,并掌握 Python 在 Windows 操作系统和 Linux 操作系统的部署方法,以及集成开发环境搭建技巧,然后在开发环境中运行第一个 Python 程序,在熟悉开发环境后,通过编写收银小程序来掌握 Python 的基础语法和简单的程序开发规则。

● 学习目标

1. 了解 Python 语言的特点。
2. 了解 Python 语言开发和运行环境的配置方法。
3. 学会搭建 Python 开发环境。
4. 学会运行 Python 语言程序。
5. 掌握 Python 语言基本语法。

任务 1.1　搭建 Python 开发环境

微课

搭建 Python 开发环境

任务分析

学习 Python 语言,要认识 Python 程序运行的计算机环境,了解 Python 语言的发展历程和 Python 语言特点,掌握 Python 开发环境的搭建方法,针对不同的应用场景、不同的操作系统,Python 环境的安装有所不同,为满足学习者的学习要求,本次任务主要介绍基于 Windows 操作系统和基于 Linux 操作系统的 Python 环境搭建方法,满足不同操作系统用户的学习和开发需求。

相关知识点

1.1.1　Python 概述

当今互联网快速发展,带动了很多的新兴产业,所有产业都充满了科技的元素,而这些得益于科学技术的发展。中国抓住了这样的科技发展机遇,有很多的互联网公司也由此诞生并快速发展壮大,比如华为、阿里巴巴、腾讯等公司,其中,以华为技术有限公司的发展最为波澜壮阔、影响深远。华为技术有限公司成立于 1987 年,其产品走的是自主研发的路线,提供的产品和解决方案涵盖移动、核心网、网络、电信增值业务和终端等领域,科研技术能力越来越成熟,在国际市场占有越来越重要的位置。因此,受到个别发达国家的排斥,面对复杂的国际形势,华为技术有限公司发扬独立自主、自力更生的顽强奋斗精神,越战越勇,取得了一个又一个的胜利,可谓"前途是光明的,道路是曲折的"。华为技术有限公司具有闯的精神,才能在重重科技围困战中,干出了新的事业,走出了一条新路。在科技领域,每个新生事物都会面临各种危机,都是在面临挑战和围困中涅槃,Python 语言的发展也是如此,程序开发人员面临其他计算机语言无法解决的问题后,为更好解决开发的问题,发扬自力更生精神,经过长时间的探索,找到了解决问题的方法,创造出了新工具,开创了新的计算机高级语言。

Python 语言诞生于 1990 年,至今已经有 30 多年历程,经过不断的演化发展,现在 Python 语言已成为最流行的编程语言之一,近几年在编程语言排名中一直处于前十名。应用领域涉及 Web 和 Internet 开发、网络爬虫、人工智能、大数据分析、机器学习、多媒体应用、数学处理、自动化运维及测试等,其丰富的可视化能力和简洁的程序设计能力,让 Python 语言在各个领域的应用都有很好的表现。

1. Python 创始人

Python 语言的创始人叫吉多·范罗苏姆(Guido van Rossum),他是一名计算机程序员,更是一位著名工程师,先后在多个国家的多个研究机构工作,曾参与 ABC 编程语言的研发工作。1989 年,吉多·范罗苏姆为了完善研发 ABC 编程语言时遗留的问题,准备写一个脚本解释语言,实现 ABC 语言不能实现的功能,同时摒弃了 ABC 编程语言没有开源的特性,将 Python 语言上传到开源社区,使得 Python 语言比 ABC 语言更加流行起来。因吉多·范罗苏姆将 Python 语言放在开源社区后仍然花大量时间来维护和改进 Python 语言,时刻关注 Python 语言发展动态并在关键时刻决策 Python 发展方向,持之以恒,被称为"Python 之父"。

2. Python 发展历程

在 20 世纪 80 年代,Python 语言出现之前已有很多流行的编程语言,比如 C 语言、Pascal 语言和 Fortran 语言等,这些编程语言基本原则是让计算机运行得更快,已最大限度对编译器核心进行了优化。吉多·范罗苏姆在 ABC 语言研发经验基础上,发现了 UNIX 操作系统的解释器 Shell 可以像胶水一样将许多功能连接在一起,全面调用计算机功能接口,Shell 能用几行代码实现 C 语言百行代码功能,但 Shell 只能编写简单脚本而不能实现复杂程序;吉多·范罗苏姆在 1989 年结合各种计算机语言优点,开始尝试编写 Python 语言编译/解释器,1991 年,第一个真正的 Python 编译/解释器诞生。

20 世纪 90 年代,随着计算机硬件技术的发展和互联网的推广,Python 语言的开发方式转为了完全的开源开发方式,有来自不同领域的开发者将不同领域的优点加入了 Python,Python 获得了高速发展,真正实现了以对象为核心组织代码、支持多种编程范式、采用动态类型、自动进行内存回收等功能,且拥有强大的标准库和兼容第三方库,给程序员带来很大的便利,1994 年发行了 Python 1.0 版。

　　2000 年 10 月,Python 增加了自动内存管理、循环检测、垃圾收集器等功能,解决了解释器和运行环境中的诸多问题,并支持 Unicode,正式发布了 Python 2.0 版。

　　2008 年发行了 Python 3.0 版,在 3.0 版本中解释器内部采用完全面向对象的方式实现,并对部分语法也做了调整,因此 Python 3.0 不向下兼容,所有基于 Python 2.0 系列版本编写的库函数必须经过修改才能被 Python 3.0 系列解释器运行。3.0 版本更像是一个新的起点,Python 一直是一个快速发展中的计算机语言,应用领域也越来越广,非常值得期待。

3. Python 语言优缺点

　　Python 语言从发行的第一个版本到 Python 3.X 版本,经过各行各业程序员的不断改进,现在在各个领域都得到了很好的应用,特别是在各大型互联网公司的应用更加突出,比如国内知名的互联网公司有知乎、豆瓣、百度、阿里、腾讯、网易、新浪等;国外知名的互联网公司有谷歌、Facebook、Twitter 等。这让 Python 语言从 2015 年开始呈现高速发展的态势,在 TIOBE 全球编程语言热度排行榜中一举进入前十名,并且应用热度高涨不下,这都得益于 Python 语言优点。

　　(1)简单易学。语法简洁易懂,非常贴切人类自然语言习惯,让学习者容易阅读、容易学习、更好记忆、容易维护。

　　(2)免费开源。遵循 GPL 协议,既是开源软件又是免费软件,Python 的解释器和模块是开源的,用 Python 编写的程序也是开源的;程序员可以使用 Python 开发和发布自己的程序并用于商业用途,或者对网上发布的软件源代码进行修改、传播及二次开发,都不用担心版权和费用问题。

　　(3)高级语言。Python 语言封装时隔离了很多底层细节,在使用 Python 编程时不用顾虑调用底层等细节,提高编程效率。

　　(4)面向对象。Python 语言既支持面向过程的编程又支持面向对象的编程。

　　(5)广泛的标准库。经历了社区和各大互联网公司程序员的改进,Python 涵盖了系统、网络、文件、GUI、数据库、文本处理等强大的标准库,同时也支持第三方库,程序员可以直接调用库里已经有的功能模块,避免重复开发工作。

　　(6)开发速度快。Python 语言语法简洁,具有强大的标准库,代码的设计、编写、检查和维护都比较容易。一般情况下,用几十行代码即可完成其他语言百行代码甚至千行代码才能完成的功能,提高了程序员的开发速度。

　　(7)具有强大的可移植性、可扩展性、可扩充性和可嵌入性。

　　Python 语言有非常明显的优点,同时,也具有一定缺点,最明显的缺点是:

　　(1)运行速度慢。Python 语言编写的脚本运行速度要慢于 C 语言和 Java 语言等,这个只能通过计算机硬件的高性能来弥补;或者使用 C 语言或 Java 语言等来编写要求运行速度快的部分,其他部分用 Python 编写。

　　(2)加密困难。Python 语言是开源、免费的软件,运行的是源代码,想要加密比较困难。但是随着互联网的快速发展,互联网商业模式发生巨大变化,很多互联网公司不再依靠卖软件授权赚钱,而是依靠网站服务和移动应用服务赚钱了,在这种商业模式下,软件开源最具竞争力。

1.1.2 Python 运行的操作系统环境

Python 语言程序可以运行在各种各样的操作系统中,目前常见的 Python 学习和部署操作系统环境有 Windows 操作系统、苹果 IOS 操作系统和 Linux 操作系统等,其中桌面应用和服务器市场占有率比较高的是 Windows 和 Linux 操作系统。这两个系统在中国市场占有率非常高,但都不是中国自主研发系统,其核心技术不被中国研发人员所掌握,存在一定的安全隐患,因此,中国对自主研发的操作系统可谓"大旱望云霓"。面对操作系统的空白,经过六十多年的发展坚守,中国陆续研发出了自主的操作系统,如银河麒麟、YunOS、同洲 960,还有生态发展比较好的华为欧拉操作系统等十多种操作系统,这些操作系统的出现让中国互联网行业感受到了希望。虽然国产操作系统还没有 Windows 和 Linux 操作系统那么完美的生态,但是给人们带来了国产操作系统蓬勃发展的自信心,只有不忘初心,方得始终。

1. Windows 操作系统

Windows 操作系统是市场占有率比较高的操作系统,在日常生活中,很多人初次使用电脑接触的都是微软公司的 Windows 操作系统系列。Windows 操作系统按照使用的范围划分,又可以分为桌面应用系统和服务器网络操作系统;在日常生活中,接触得比较多的是桌面应用操作系统,如 Windows XP、Windows 7、Windows 10 等;服务器网络操作系统常部署在服务器网络设备,更多用于网络管理,此外,也可以部署在一般计算机中,如 Windows Server 2003、Windows Server 2008、Windows Server 2012、Windows Server 2019 等。无论桌面应用操作系统还是网络操作系统,都可以部署 Python 集成开发环境。值得注意的是,每个系列的 Windows 操作系统的系统类型又分为 32 位操作系统和 64 位操作系统,部署的安装包需要根据已安装 Windows 操作系统的系统类型来选择,而不是根据 Windows 操作系统系列,例如需要在 Windows 10 操作系统中安装 Python 3.9.6 版本,只需要看安装的 Windows 10 是 32 位操作系统还是 64 位操作系统,与 Windows 操作系统系列无关。本书将以 Windows 10 操作系统为例,完成部署 Python 环境。

2. Linux 操作系统

Linux 操作系统是一个免费开源的操作系统,能实现多用户、多任务,支持多线程和多 CPU,系统性能稳定,安全性非常高,Linux 操作系统现在已经是一套很完备的软件集成了,可以为用户提供高性能和高稳定性服务。Linux 操作系统在个人桌面应用领域市场占有率虽然不及其他操作系统,但是在服务器、嵌入式、大数据和网络管理等领域应用非常广泛。近几年,市场占有率也越来越高,客户满意度也越来越好,用户面也越来越宽。常见的 Linux 操作系统有 Redhat Linux、openSUSE、debian Linux、Ubuntu Linux 和 CentOS Linux 等,在所有的 Linux 操作系统中都内置了较低版本的 Python 环境,一般为 Python2 版本;需要注意的是 Python 语言在升级版本后,Python3 较 Python2 版本在语法等各个方面有非常大的改革,且 Python3 以上版本不兼容 Python2 版本,为了更好地学习和使用 Python 语言编程,在 Linux 操作系统中需要安装高版本的 Python 3.X 来搭配集成开发环境应用,本书以 CentOS 7 安装 Python3 为例,在 Linux 操作系统中完成安装 Python3 环境。

任务实现

本次任务将通过以下步骤完成 Python 环境搭建,实现 Python 编程。

1. 在 Windows 10 操作系统中完成 Python 3.7.9 的下载和安装。

2. 在 CentOS 7 操作系统中完成 Python 3.7.9 的下载和安装。

搭建 Python 开发环境任务实现

一、Windows 10 搭建 Python 3.7.9 环境

本次任务将在 Windows 10 操作系统(64 位)中搭建 Python 环境,使用的安装包版本为 Python 3.7.9(x86-64)。

1. 在 Windows 10 操作系统中,打开浏览器(建议使用谷歌浏览器),在浏览器的地址栏输入 Python 官网地址 https://www.python.org,进入 Python 官网,如图 1-1-1 所示。

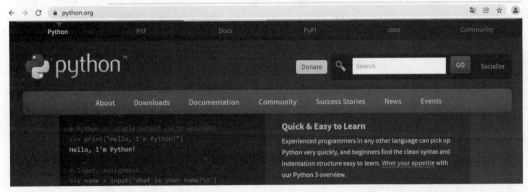

图 1-1-1　Python 官网界面

2. 在 Python 官网界面中单击【Downloads】,在弹出的对话框中单击【Windows】,如图 1-1-2 所示。

图 1-1-2　下载 Python 选择适合操作系统界面

3. 进入安装包下载界面,找到【Python 3.7.9-Aug.17,2020】,单击【Download Windows x86-64 executable installer】,下载 Python 3.7.9 安装包,如图 1-1-3 所示。

4. 下载完成后,单击右下角【全部显示】查看安装包,如图 1-1-4 所示。

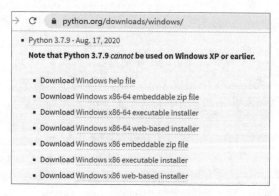

图 1-1-3　选择下载 Python 版本

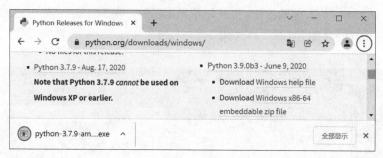

图 1-1-4　查看下载安装包路径

5.在弹出的对话框中,单击 python-3.7.9-amd64.exe 下面的【在文件夹中显示】,如图 1-1-5 所示。

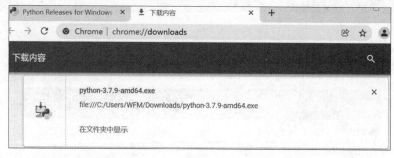

图 1-1-5　打开安装包下载路径

6.进入下载管理器,找到【python-3.7.9-amd64】安装包,如图 1-1-6 所示。

图 1-1-6　查看安装包

7. 选中【python-3.7.9-amd64】安装包,双击,弹出软件安装界面。

8. 在软件安装界面中,勾选【Install launcher for all users(recommended)】和【Add Python 3.7 to PATH】。因【Add Python 3.7 to PATH】是将 Python 3.7 安装添加到计算机环境变量中去,如果不勾选,后期需要手动添加进计算机环境变量,会比较困难,所以在开始安装时务必勾选,如图 1-1-7 所示。

图 1-1-7　Python 安装向导界面

9. 单击【Install Now】进行默认路径安装。要注意,如果想自定义安装,可以选择【Customize installation】进行安装,本任务选择【Install Now】进行经典安装。

10. 等待软件安装完成,最后弹出【Setup was successful】,单击【Close】完成安装,如图 1-1-8 所示。

图 1-1-8　安装完成界面

11. 安装完成后,在计算机键盘上按住██(Windows)+██(R)组合键,在弹出的【运行】对话框中,输入【cmd】,单击【确定】,如图 1-1-9 所示。

12. 在弹出的 Windows 操作系统命令提示符窗口中,输入 python,如图 1-1-10 所示。

图 1-1-9　打开命令提示符终端

图 1-1-10　命令提示符终端

13.输入 python 完成后按回车键,弹出如图 1-1-11 所示内容,说明 Python 安装成功。

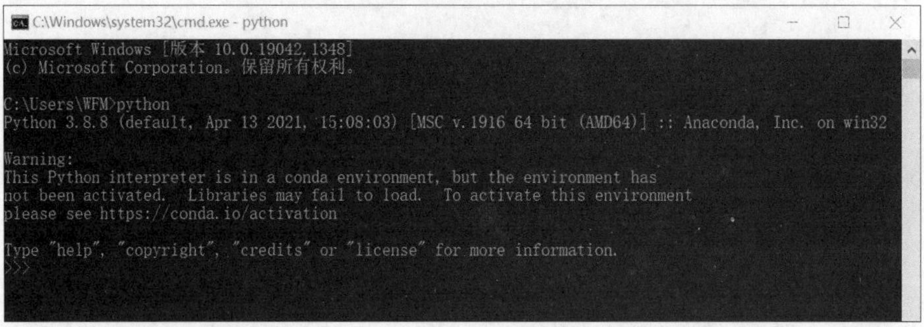

图 1-1-11　在命令提示符查看 Python 安装情况

二、CentOS 7 搭建 Python 3.7.9 环境

Linux 操作系统发行版本很多,有 Redhat、Ubuntu、CentOS、debian、openSUSE 等,在所有 Linux 操作系统发行版本中,都内置有 Python 2.X 环境,低版本 Python 已不能满足需求,需要安装和切换到高版本 Python。

本次任务将在 CentOS 7.9 操作系统中搭建 Python 3.7 环境,安装包版本是 Python 3.7.9。在 CentOS 操作系统中安装 Python 步骤比较简单,虽然不同发行版本的 Linux 操作系统使用的安装软件命令有所差别,但是有 Linux 操作系统基础的学习者可以尝试直接安装软件,这是一个关于 Linux 操作系统安装 Python 软件包的技巧,如果仍然不会,本任务将会一步一步带领大家搭建 Python 3.7.9 环境。需要注意,所有发行的 Linux 操作系统版本基本都内置有低版本的 Python,在安装了高版本的 Python 后不要删除内置的低版本 Python,只需将环境指向高版本的 Python 即可。接下来进入 Python 的安装。

1. 登录 CentOS 7 操作系统，单击左上角的【应用程序】→【系统工具】→【终端】菜单，打开终端，如图 1-1-12 所示。

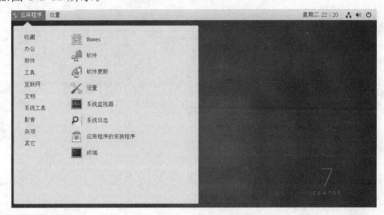

图 1-1-12   打开 CentOS 终端

2. 在终端，输入 python，按回车键，检查 CentOS 操作系统内置的 Python 版本，如图 1-1-13 所示，系统内置为 Python 2.7.5 版本。

```
                                  wfm@localhost:~                    _  □  ×
文件(F)  编辑(E)  查看(V)  搜索(S)  终端(T)  帮助(H)
[wfm@localhost ~]$ python
Python 2.7.5 (default, Oct 14 2020, 14:45:30)
[GCC 4.8.5 20150623 (Red Hat 4.8.5-44)] on linux2
Type "help", "copyright", "credits" or "license" for more information.
>>>
```

图 1-1-13   在 CentOS 终端查看 Python 情况

3. 在终端，使用命令【su - 账户名】切换普通登录账户为管理员账户，本示例从 wfm 普通账户登录到管理员 root 账户，切换登录过程中需要输入管理员账户密码，如图 1-1-14 所示。注意，普通用户在用户名后的标识符是 $，管理员用户名后标识符是 ♯ 。

```
                                  root@localhost:~                    _  □  ×
文件(F)  编辑(E)  查看(V)  搜索(S)  终端(T)  帮助(H)
[wfm@localhost ~]$ python
Python 2.7.5 (default, Oct 14 2020, 14:45:30)
[GCC 4.8.5 20150623 (Red Hat 4.8.5-44)] on linux2
Type "help", "copyright", "credits" or "license" for more information.
>>> exit()
[wfm@localhost ~]$ su - root
密码：
上一次登录：五  7月  23 18:36:08 CST 2021pts/0 上
[root@localhost ~]#
```

图 1-1-14   切换登录账号

4. 登录到管理员账户后，使用命令【whereis python】查看 Python 的路径，如图 1-1-15 所示。

```
                                  root@localhost:~                    _  □  ×
文件(F)  编辑(E)  查看(V)  搜索(S)  终端(T)  帮助(H)
[root@localhost ~]# whereis python
python: /usr/bin/python /usr/bin/python2.7 /usr/lib/python2.7 /usr/lib6
4/python2.7 /etc/python /usr/include/python2.7 /usr/share/man/man1/pyth
on.1.gz
[root@localhost ~]#
```

图 1-1-15   查看 CentOS 系统内置 Python 存放路径

从查询结果可以看出 CentOS 7 中的 Python 路径在/usr/bin/下。

5. 使用命令【cd /usr/bin】将管理员账户登录目录切换到目录/usr/bin/下，如图 1-1-16 所示。

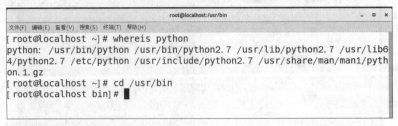

图 1-1-16　切换到内置 Python 存放路径

6. 输入【ll python *】命令查看当前系统环境指向哪个 Python 版本，如图 1-1-17 所示。

```
                          root@localhost:/usr/bin              _  □  ×
文件(F)  编辑(E)  查看(V)  搜索(S)  终端(T)  帮助(H)
[ root@localhost ~]# whereis python
python: /usr/bin/python /usr/bin/python2.7 /usr/lib/python2.7 /usr/lib6
4/python2.7 /etc/python /usr/include/python2.7 /usr/share/man/man1/pyth
on.1.gz
[ root@localhost ~]# cd /usr/bin
[ root@localhost bin]# ll python*
lrwxrwxrwx. 1 root root    7 7月   23 16:50 python -> python2
lrwxrwxrwx. 1 root root    9 7月   23 16:50 python2 -> python2.7
- rwxr- xr- x. 1 root root 7144 10月  14 2020 python2.7
[ root@localhost bin]#
```

图 1-1-17　查看 Python 2.7

从查询结果可以看出，当前系统环境指向的是 Python 2.7 版本。

7. 因为本次任务是需要在系统中搭建 Python 3.7.9 环境，所以掌握了当前 Python 指向后，接下来就需要安装 Python 3.7.9。

8. 为了避免 Python2 和 Python3 的路径混乱，选择在/usr/local/下安装 Python3，使用命令【cd /usr/local】切换到目录下，如图 1-1-18 所示。

```
                          root@localhost:/usr/local             _  □  ×
文件(F)  编辑(E)  查看(V)  搜索(S)  终端(T)  帮助(H)
[ root@localhost ~]# whereis python
python: /usr/bin/python /usr/bin/python2.7 /usr/lib/python2.7 /usr/lib6
4/python2.7 /etc/python /usr/include/python2.7 /usr/share/man/man1/pyth
on.1.gz
[ root@localhost ~]# cd /usr/bin
[ root@localhost bin]# ll python*
lrwxrwxrwx. 1 root root    7 7月   23 16:50 python -> python2
lrwxrwxrwx. 1 root root    9 7月   23 16:50 python2 -> python2.7
- rwxr- xr- x. 1 root root 7144 10月  14 2020 python2.7
[ root@localhost bin]# cd /usr/local
[ root@localhost local]#
```

图 1-1-18　更改路径到/usr/local/

9. 使用命令【yum install zlib-devel bzip2-devel openssl-devel ncurses-devel sqlite-devel readline-devel tk-devel libffi-devel gcc make】安装 Python 需要的依赖包，如图 1-1-19 所示。

```
                          root@localhost:/usr/local                    _ □ ×
文件(F)  编辑(E)  查看(V)  搜索(S)  终端(T)  帮助(H)
. gz
[ root@localhost ~]# clear
[ root@localhost ~]# whereis python
python: /usr/bin/python /usr/bin/python2.7 /usr/lib/python2.7 /usr/lib64/
python2.7 /etc/python /usr/include/python2.7 /usr/share/man/man1/python.1
. gz
[ root@localhost ~]# cd /usr/bin
[ root@localhost bin]# ll python*
lrwxrwxrwx. 1 root root    7 7月  23 16:50 python -> python2
lrwxrwxrwx. 1 root root    9 7月  23 16:50 python2 -> python2.7
- rwxr- xr- x. 1 root root 7144 10月  14 2020 python2.7
[ root@localhost local]# yum install zlib- devel bzip2- devel openssl- devel
ncurses- devel sqlite- devel readline- devel tk- devel libffi- devel gcc make
```

图 1-1-19　安装 Python3 的依赖包

10. 依赖包安装完成后，使用命令【mkdir Python3】在目录路径/usr/local/下创建一个新的目录 Python3 存放 Python，如图 1-1-20 所示。

```
                          root@localhost:/usr/local                    _ □ ×
文件(F)  编辑(E)  查看(V)  搜索(S)  终端(T)  帮助(H)
作为依赖被升级：
  freetype. x86_64 0: 2. 8- 14. el7_9. 1
  krb5- libs. x86_64 0: 1. 15. 1- 51. el7_9
  krb5- workstation. x86_64 0: 1. 15. 1- 51. el7_9
  libblkid. x86_64 0: 2. 23. 2- 65. el7_9. 1
  libkadm5. x86_64 0: 1. 15. 1- 51. el7_9
  libmount. x86_64 0: 2. 23. 2- 65. el7_9. 1
  libsmartcols. x86_64 0: 2. 23. 2- 65. el7_9. 1
  libuuid. x86_64 0: 2. 23. 2- 65. el7_9. 1
  openssl. x86_64 1: 1. 0. 2k- 22. el7_9
  openssl- libs. x86_64 1: 1. 0. 2k- 22. el7_9
  util- linux. x86_64 0: 2. 23. 2- 65. el7_9. 1
  zlib. x86_64 0: 1. 2. 7- 19. el7_9

完毕！
[ root@localhost local]# mkdir Python3
```

图 1-1-20　在目录/usr/local/下创建目录 Python3

11. 使用命令【cd Python3】切换到目录/usr/local/Python3/，如图 1-1-21 所示。

```
                          root@localhost:/usr/local/Python3             _ □ ×
文件(F)  编辑(E)  查看(V)  搜索(S)  终端(T)  帮助(H)
完毕！
[ root@localhost local]# mkdir Python3
[ root@localhost local]# cd Python3
[ root@localhost Python3]#
```

图 1-1-21　切换进入目录/usr/local/Python3/

12. 使用命令【wget https：//www. python. org/ftp/python/3. 7. 9/Python-3. 7. 9. tgz】下载 Python3 安装包，如图 1-1-22 所示。

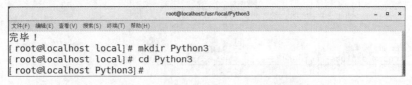

```
                          root@localhost:/usr/local/Python3             _ □ ×
文件(F)  编辑(E)  查看(V)  搜索(S)  终端(T)  帮助(H)
[ root@localhost local]# cd Python3
[ root@localhost Python3]# wget https://www. python. org/ftp/python/3. 7. 9/Python- 3. 7. 9. tgz
```

图 1-1-22　下载 Python3 安装包

13. 使用命令【tar -xvf Python-3. 7. 9. tgz】解压下载好的安装包，如图 1-1-23 所示。

14. 使用命令【cd Python-3. 7. 9】切换到解压的目录/usr/local/Python3/Python-3. 7. 9/，如图 1-1-24 所示。

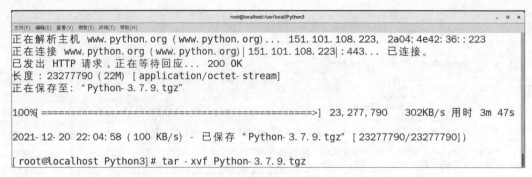

图 1-1-23　解压 Python3 安装包

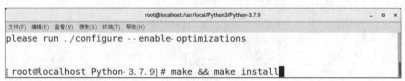

图 1-1-24　切换到解压的目录

15. 在 Linux 操作系统里,如果采用默认安装,会导致软件包里面的文件和目录很分散,因此,在正式安装前,使用命令【./configure --prefix＝/usr/local/python3】先指定安装目录到已经创建好的/usr/local/python3/目录下,如图 1-1-25 所示。

```
文件(F)  编辑(E)  查看(V)  搜索(S)  终端(T)  帮助(H)
Python- 3. 7. 9/Objects/bytes_methods. c
[ root@localhost Python- 3. 7. 9]# ./configure -- prefix=/usr/local/python3
```

图 1-1-25　配置安装目录

16. 执行安装命令,使用命令【make && make install】开始安装 Python3,如图 1-1-26 所示。

```
文件(F)  编辑(E)  查看(V)  搜索(S)  终端(T)  帮助(H)
please run ./configure -- enable- optimizations

[ root@localhost Python- 3. 7. 9]# make && make install
```

图 1-1-26　安装 Python3

17. Python3 安装完成。

之前提到过 Linux 操作系统内置了低版本的 Python,现在安装了高版本的 Python,但是默认的环境还是低版本的 Python,需要将 Python 指向高版本的 Python 3.7.9。

18. 建立软链接,使用命令【ln -s /usr/local/python3/bin/python3 /usr/bin/python3】完成 Python 指向高版本的 Python 3.7.9,如图 1-1-27 所示。

```
文件(F)  编辑(E)  查看(V)  搜索(S)  终端(T)  帮助(H)
[ root@localhost Python- 3. 7. 9]#
[ root@localhost Python- 3. 7. 9]# ln - s /usr/local/python3/bin/python3 /usr/bin/python3
```

图 1-1-27　建立软链接

19.输入命令【python3】查看 Python 3.7.9 版本,如图 1-1-28 所示,输入 exit()退出 Python。Linux 操作系统搭建 Python 3.7.9 环境完成。

```
                    root@localhost:/usr/local/Python3/Python-3.7.9        _  □  ×
文件(F)  编辑(E)  查看(V)  搜索(S)  终端(T)  帮助(H)
[ root@localhost Python- 3. 7. 9]# ln - s /usr/local/python3/bin/python3 /usr/bin/python3
[ root@localhost Python- 3. 7. 9]# python3
Python 3. 7. 9 (default, Dec 20 2021,  22: 17: 58)
[GCC 4. 8. 5 20150623 (Red Hat 4. 8. 5- 44)] on linux
Type "help", "copyright", "credits" or "license" for more information.
>>>
```

图 1-1-28　查看 Python3 安装情况

任务 1.2　安装集成开发环境

微课

安装集成开发环境

任务分析

本次任务需要在 Windows 10 操作系统和 CentOS 7 操作系统中分别安装集成开发环境,确保集成开发环境正常运行,顺利开展 Python 编程。进行 Python 编程的集成开发环境多种多样,PyCharm 和 Anaconda 是两个比较好用的 Python 开发工具。其中,PyCharm 是广大 Python 开发者最喜爱的集成开发环境,Anaconda 包管理器则内置有很多集成开发环境。PyCharm 和 Anaconda 可以看作两个相互独立的开发工具,学习者在学习时只需选择安装其中一种工具即可。

相关知识点

有一位匠人胡双喜曾说过:"学技术其次,学做人是首位,干活要凭良心。"这是一名上海飞机制造有限公司的高级技师,坚守航空事业 35 年,加工数十万飞机零件无一差错的钳工,对质量的坚守,已经是融入血液的习惯,有着坚定、踏实、精益求精的时代精神。软件开发也是一份需要反复打磨、校验和运维的工作,需要有这样的精神和毅力,磨炼这般精神和毅力的起点便是从安装集成开发环境开始。

1.2.1　集成开发环境概述

集成开发环境简称 IDE,属于用来完成软件或程序开发的应用程序,基本包括了开发程序所需要的编译器、编辑器、调试器、解释器和图形用户界面等功能,在开发过程中,能完成程序的编写、调试、编译、分析、管理和执行等一体化服务。IDE 从命令行模式逐渐发展到现在的选单和图形化模式,为开发人员提供了可视化编程和学习,节省时间和精力,统一了编程标准,方便管理开发工作,提高了编程效率。虽然,对初学者来说,在学习新的计算机语言的同时要完全掌握开发环境有一定难度,但是,只要用熟开发环境后将大大提高开发效率。在学习 Python 语言过程中,常用到的开发工具有 Visual Studio、Sublime Text、PyCharm 和 Anaconda 等。

1.2.2 开发环境和工具

Python 语言要实现一个计算机功能,需要运行环境来实现,编写程序代码需要借助开发工具来完成。对于编写简单的 Python 语言程序,使用自带的 IDLE 或 Python Shell 就可以实现,而对于复杂大型的 Python 编程项目,需要专业的代码编辑器或集成开发环境才能高效完成项目。Python 集成开发工具简称 Python IDE,是程序员开发程序时创建、测试或故障排除的工具,它集成很多程序开发所需的工具组件,比如文本编辑器、编译器/解释器、装配自动化工具和调试器等,能有效提高程序开发效率。代码编辑器相对于集成开发环境,安装体积小,启动更快;缺点是功能相对少。

1. PyCharm

PyCharm 是一款面向 Python 全功能的集成开发环境,是广大 Python 开发者的首选开发环境,能在 Windows 操作系统或 Linux 操作系统中快速部署,兼容性好。PyCharm 是由 JetBrains 打造的一款 Python 集成开发环境。无论开发者还是初学者,在运用和学习 Python 时,PyCharm 提供的调试、语法高亮、项目管理、代码跳转、智能提示、自动完成、单元测试、版本控制等功能都能很好地提高效率,同时,还提供强大的编码协助和项目代码导航帮助开发者更加轻松地完成编码任务,还具备了代码分析、Python 重构和集成单元测试功能,提高了项目程序测试效能。

2. Visual Studio

Visual Studio 是一款全功能集成开发平台,有自己的扩展插件途径,满足程序员对程序开发的各种插件需求。在 Visual Studio 中,用于 Python 语言开发的工具是 PTVS,支持 Python 的智能感知、调试等。

3. Eclipse+PyDev

Eclipse 本身是一款面向 Java 开发的集成开发环境,Eclipse 在开源社区有很高的知名度,具有丰富的扩展插件途径,能在 Windows 操作系统和 Linux 操作系统中部署。在 Eclipse 中,需要安装 PyDev 插件才能实现 Python 控制台。

4. Spyder

Spyder 是一款开源的 Python 集成开发环境,集成了很多的数据科学库,比如 SciPy、Matplotlib 等,主要用于数据科学开发方向,与 IPython 和 Jupyter 集成得很好。在 Anaconda 里集成有 Spyder,通过安装 Anaconda 即可启动 Spyder。

5. Jupyter

Jupyter 是一款基于 Web 的编辑器,它允许开发者构建和运行脚本,可以执行可视化。在 Anaconda 里集成有 Jupyter,通过安装 Anaconda 即可启动 Jupyter。

6. Sublime Text

Sublime Text 是一款代码编辑器,可以在 Windows 操作系统和 Linux 操作系统等几乎所有系统平台中安装,具有丰富的插件包,且所有的包都是使用 Python 编写的。

7. IDLE

IDLE 是一款 Python 自带的编辑器,是初学者学习 Python 基础的常用工具,界面简洁,启动迅捷。

8. Anaconda 开发工具

Anaconda 安装包比较大,包含了很多的科学包和依赖包,这样给使用者带来了很多的便利,Anaconda 的体验非常友好,是一个比较好的开发平台和学习平台。Anaconda 可以看作一个开源的 Python 发行版本,其自带的功能安装包比纯 Python 程序效率高,纯 Python 程序需要一步一步执行功能包的安装命令才能具备相应功能;同时,Anaconda 集成了 Spyder 和 Jupyter Notebook 等开发环境,功能非常强大。

开发环境对比见表 1-2-1。

表 1-2-1　　　　　　　　　　　　　　开发环境对比

名称	优点	缺点
PyCharm	支持 Diango、Flask 等 Web 框架; 提供智能代码功能; 允许远程主机进行程序开发	界面庞杂
Visual Studio	在编辑器中直接完成实现故障排除; 支持多个快捷键,加速编程; 交互式控制台; 自定义工具扩展插件	故障排除功能有限; 没有内置模板
Eclipse＋PyDev	智能故障排除; 安装 PyDev 时非常快捷; 编辑器开源	初学者需要较长时间才能掌握
Spyder	强大的数据科学开发功能; 具有"变量浏览器"功能; 开源,兼容性好	偏向数据科学开发,不能完全满足 Python 基本需求
Jupyter	Web 编辑器; 执行数据可视化; 交互式	不是一个真正的集成开发工具
Sublime Text	兼容性好; 安装体积小,启动迅捷; 提供强大的 API 和组织化的生态系统,以实现高性能; 只需一个关键词,即可复制常见代码段; 即时项目切换和分割编辑	git 插件不是特别强大; 没有免费软件版本; 安装插件比较困难
IDLE	多窗口界面; 具备轻量级 Python Shell; 其内置修正功能可以提升性能; 允许用户在编辑器中搜索和替换文件	不支持复制到库; 脚本不能超过 100 行代码

任务实现

本次任务将通过以下步骤完成 Python 集成开发环境的部署,运行第一个 Python 程序:

1. 在 Windows 10 操作系统中完成 PyCharm 的下载和安装。

2. 在 CentOS 7 操作系统中完成 PyCharm 的下载和安装。

3. 在 Windows 10 操作系统中完成 Anaconda 的下载和安装。

4．在 Windows 10 和 CentOS 7 操作系统中的集成开发环境运行第一个 Python 程序。

一、Windows 10 安装 PyCharm 集成开发环境

1．在 Windows 10 中，打开浏览器（建议用谷歌浏览器），在浏览器地址栏输入地址 https：//www. jetbrains. com/zh-cn/pycharm/download/#section＝windows，进入 PyCharm 官网，如图 1-2-1 所示。

图 1-2-1　PyCharm 官网

2．将网页滚动至最底部，在网页的右下角选择语言为【简体中文】，如图 1-2-2 所示。

图 1-2-2　切换网页语言为简体中文

3．回到网页顶部，在【下载 PyCharm】的左下角，单击【其他版本】，如图 1-2-3 所示。

图 1-2-3　打开 PyCharm 历史版本

4.在【其他版本】页面拖动滚动条，找到【Version 2019.3】，单击【PyCharm Community Edition】下的【2019.3.5-Windows（exe）】开始下载，本次任务使用的是 PyCharm 2019.3.5 版本，如图 1-2-4 所示。

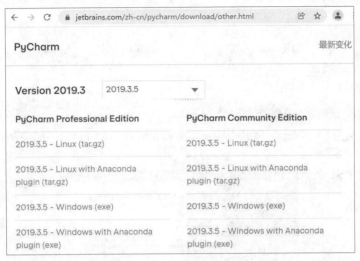

图 1-2-4　选择 PyCharm 下载版本

5.下载完成后，单击右下角【全部显示】查看安装包，如图 1-2-5 所示。

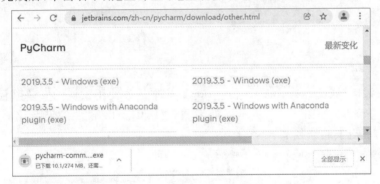

图 1-2-5　查看安装包下载路径

6.在弹出的对话框中，单击 pycharm-community-2019.3.5.exe 下面的【在文件夹中显示】，如图 1-2-6 所示。

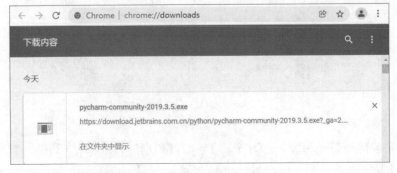

图 1-2-6　打开安装包下载路径

7. 进入下载管理器，找到【pycharm-community-2019.3.5】安装包，如图 1-2-7 所示。

图 1-2-7　查看 PyCharm 安装包

8. 选中软件安装包，双击开始安装。

9. 在安装向导【Welcome to PyCharm Community Edition Setup】中单击【Next】进入下一步，如图 1-2-8 所示。

图 1-2-8　PyCharm 安装向导界面

10. 在安装向导【Choose Install Location】中，本任务使用默认的安装路径，直接单击【Next】进入下一步，如图 1-2-9 所示。如需更改 PyCharm 软件的安装路径，可以单击【Browse...】变更安装路径。

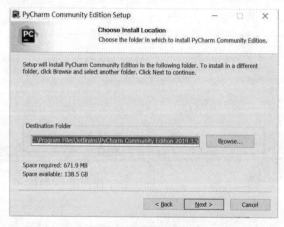

图 1-2-9　选择安装路径

11. 在安装向导【Installation Options】界面，【Create Desktop Shortcut】勾选【64-bit launcher】，【Update PATH variable（restart needed）】勾选【Add launchers dir to the

PATH】,【Create Associations】勾选【. py】,单击【Next】进入下一步,如图 1-2-10 所示。

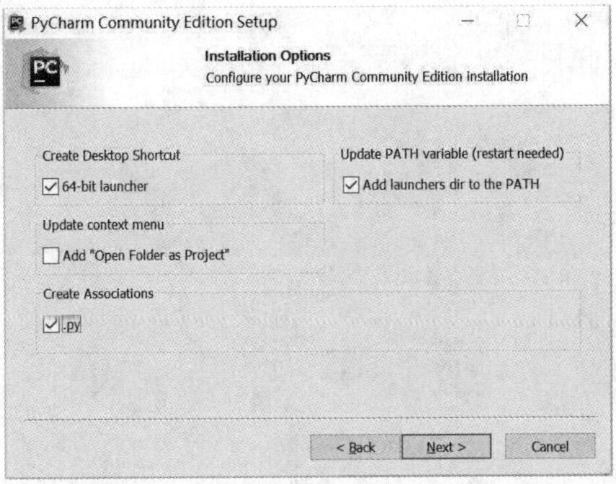

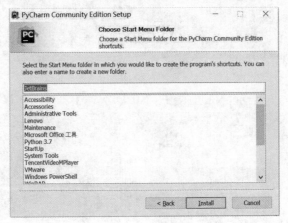

图 1-2-10 选择添加到环境变量

12. 在【Choose Start Menu Folder】界面单击【Install】开始安装,如图 1-2-11 所示。

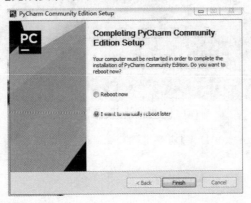

图 1-2-11 开始安装

13. 待安装进度条完成,在安装向导的【Completing PyCharm Community Edition Setup】界面单击【Finish】完成安装,如图 1-2-12 所示。

图 1-2-12 安装完成

14. 安装完成后,启动 PyCharm 软件,在启动过程中会弹出一些配置提示,所有的配置提示只需单击高亮提示即可进入下一步。

15. 进入【Welcome to PyCharm】界面,单击【Create New Project】,如图 1-2-13 所示。

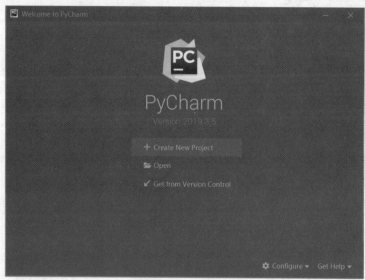

图 1-2-13　PyCharm 欢迎界面

16. 在弹出的【New Project】对话框中,单击【Create】,如图 1-2-14 所示。

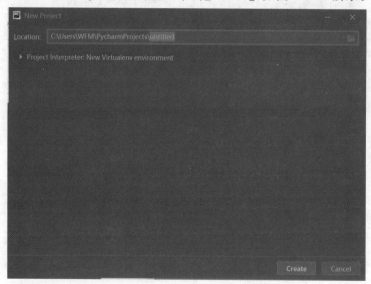

图 1-2-14　创建工程路径

17. 在弹出的【Tip of the Day】对话框中,单击右上角叉号关闭对话框,如图 1-2-15 所示。

18. 进入 PyCharm 集成开发环境界面,如图 1-2-16 所示。

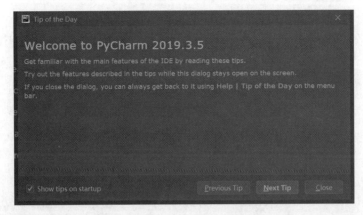

图 1-2-15　PyCharm 启动向导界面

图 1-2-16　PyCharm 界面

二、CentOS 7 安装 PyCharm 集成开发环境

1. 在 CentOS 7 操作系统中,单击左上角的【应用程序】→【系统工具】→【终端】,打开终端程序,如图 1-2-17 所示。本次任务使用普通账户安装 PyCharm 集成开发环境。

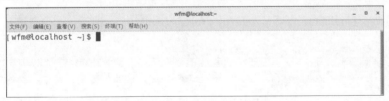

图 1-2-17　CentOS 终端

2. 使用命令【cd /usr】切换目录到/usr,如图 1-2-18 所示。

图 1-2-18　切换目录

3.使用命令【sudo wget https://download.jetbrains.com/python/pycharm-professional-2019.3.5.tar.gz】下载软件包,本次安装的是 PyCharm 2019.3.5 版本,如图 1-2-19 所示。

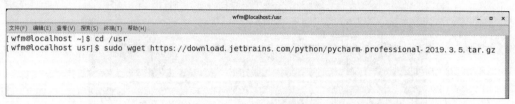

图 1-2-19　下载安装包

4.安装包 pycharm-professional-2019.3.5.tar.gz 下载完成,如图 1-2-20 所示。

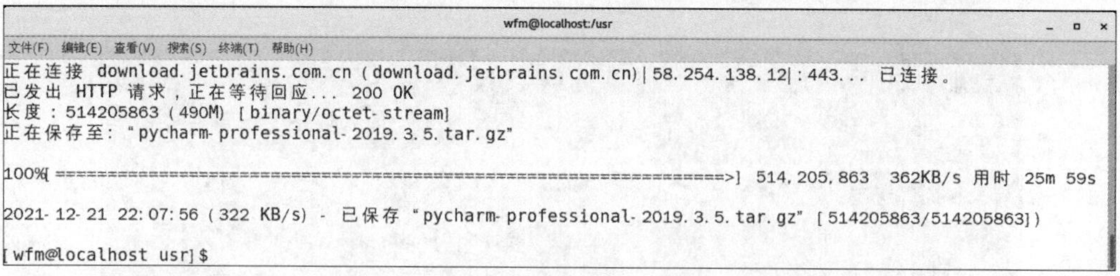

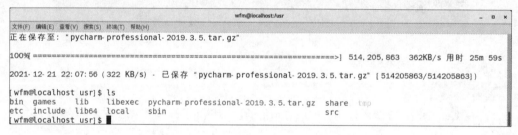

图 1-2-20　移动安装包到/usr 目录下

5.使用命令【ls】查看/usr 目录下是否有 pycharm-professional-2019.3.5.tar.gz 安装包,如图 1-2-21 所示。

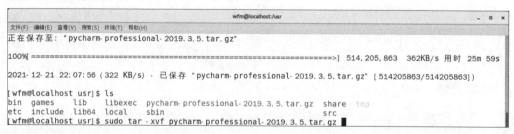

图 1-2-21　查看/usr 目录下所有文件

6.使用命令【sudo tar -xvf pycharm-professional-2019.3.5.tar.gz 】解压安装包,如图 1-2-22 所示。

图 1-2-22　解压安装包

7.再次使用命令【ls】查看目录/usr 下,可以看到已解压的文件 pycharm-2019.3.5,如图 1-2-23 所示。

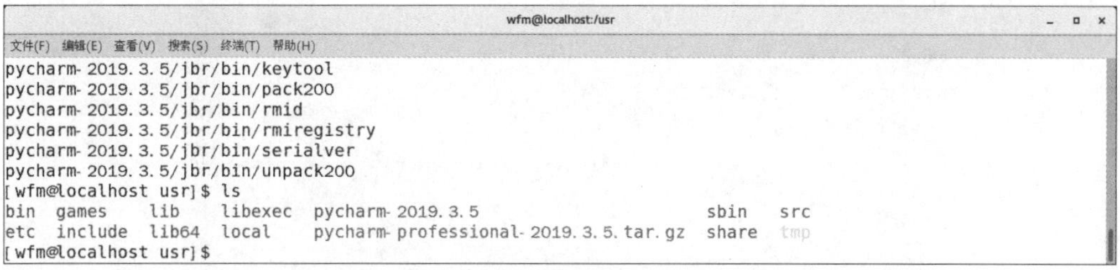

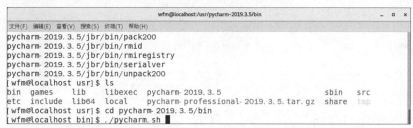

图 1-2-23　再次查看/usr 目录下所有文件

8. 使用命令【cd pycharm-2019.3.5/bin】进入安装包文件目录下的 bin 目录,如图 1-2-24 所示。

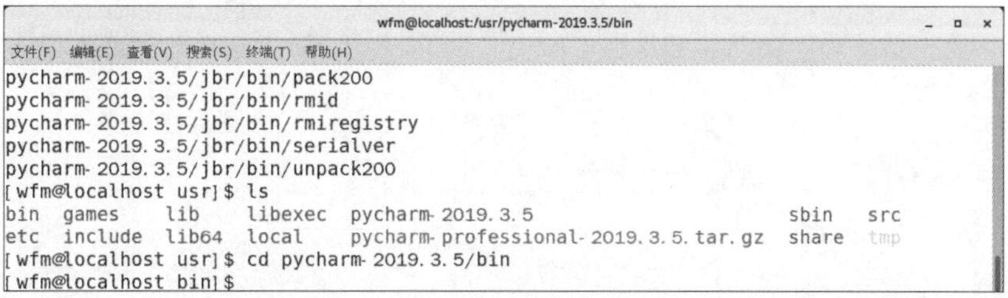

图 1-2-24　切换目录到/usr/pycharm-2019.3.5/bin 目录下

9. 使用命令【./pycharm.sh】执行源码文件,安装 PyCharm,如图 1-2-25 所示。

图 1-2-25　执行源码文件

10. 在弹出的【Import PyCharm Settings From...】对话框中,不需要导入配置,勾选【Do not import settings】,单击【OK】,如图 1-2-26 所示。

图 1-2-26　弹出界面安装向导

11. 在弹出的【PyCharm User Agreement】对话框中,勾选【I confirm that I have read and accept the terms of this User Agreement】,单击【Continue】,如图 1-2-27 所示。

12. 在弹出的【Data Sharing】对话框中,单击【Don't send】,如图 1-2-28 所示。

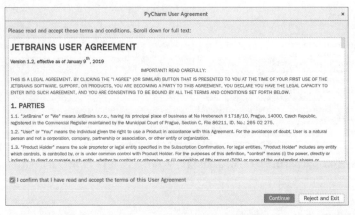

图 1-2-27　在安装向导中勾选同意协议

图 1-2-28　【Data Sharing】对话框

13. 在弹出的【Customize PyCharm】对话框中，单击【Next：Launcher Script】，如图 1-2-29 所示。

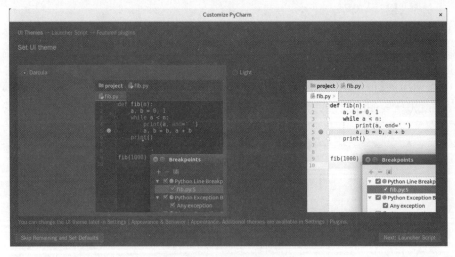

图 1-2-29　PyCharm 配置界面 1

14. 在【Customize PyCharm】对话框中，勾选【Create a script for opening files and projects from the command line】，单击【Next：Featured plugins】，如图 1-2-30 所示。

15. 在【Customize PyCharm】对话框中，单击【Start using PyCharm】，如图 1-2-31 所示。

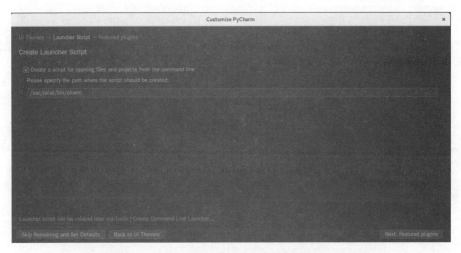

图 1-2-30　PyCharm 配置界面 2

图 1-2-31　PyCharm 配置界面 3

16.在弹出的认证对话框中,输入管理员密码,单击【认证】,如图 1-2-32 所示。

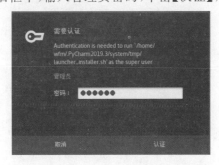

图 1-2-32　输入密码认证

17.因为安装的是专业版,所以这一步提示需要激活码;可以在弹出的对话框中,勾选【Evaluate for free】,进入试用。如果安装的是社区版则没有这一步。

18. 安装完成，进入 PyCharm 欢迎界面，单击【Create New Project】，如图 1-2-33 所示。

图 1-2-33　进入 PyCharm 欢迎界面

19. Linux 操作系统内置有低版本的 Python2，在这里需要给集成开发环境 PyCharm 选择高版本的 Python3 解释器。

在弹出的【New Project】对话框中，选中【Pure Python】，展开【Project Interpreter：New Virtualenv environment】，在【New environment using】→【Base interpreter】中选择 Python 环境为【/usr/bin/python3】，单击【Create】，如图 1-2-34 所示。

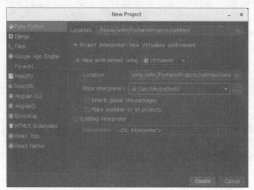

图 1-2-34　进行 PyCharm 基本设置

20. 进入 PyCharm 集成开发环境界面，在弹出的【Tip of the Day】对话框中，单击【Close】，进入开发界面，如图 1-2-35 所示。

21. 软件安装完成后，添加软链接，该链接的作用是方便后面快捷启动软件，使用命令【sudo ln -s /usr/pycharm-2019.3.5/bin/pycharm.sh /usr/bin/pycharm】添加软链接，如图 1-2-36 所示。

其中，/usr/pycharm-2019.3.5/bin/pycharm.sh 为 pycharm.sh 文件所在路径，每个人的计算机存放路径可能不一样，需要根据自己实际存放路径填写；/usr/bin/pycharm 是将 PyCharm 在这个路径创建一个快捷方式，方便后期直接在终端输入 PyCharm 启动软件。

22. 使用命令【cd】切换目录到主目录，如图 1-2-37 所示。

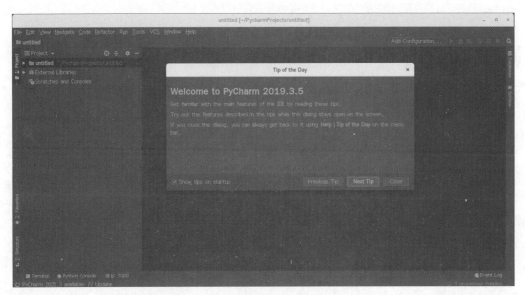

图 1-2-35　PyCharm 界面

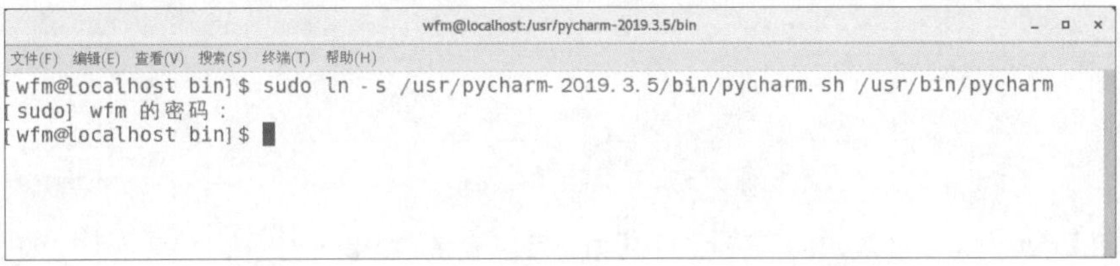

图 1-2-36　配置 PyCharm 软链接

图 1-2-37　切换到主目录

23.再次启动软件,在终端中直接输入【pycharm】即可启动软件,如图 1-2-38 所示。

图 1-2-38　通过命令启动 PyCharm

三、运行第一个 Python 程序

已完成部署 Python 环境和 PyCharm 集成开发环境,现将分别基于 Windows 10 和 CentOS 两个系统平台编写第一个 Python 程序。在 Windows 10 操作系统中,通过 Python 自带的 IDLE 和 PyCharm 两种途径分别编写一个简单的 Python 程序;在 CentOS 系统中使用系统终端编写一个简单的 Python 程序。

1.基于 IDLE 编写 Python 程序

(1)登录 Windows 10 操作系统,单击左下角的【开始】菜单,在弹出的对话框中,找到【Python 3.7】目录文件夹,展开目录找到【IDLE(Python 3.7 64-bit)】,如图 1-2-39 所示。

图 1-2-39 启动 IDLE(Python 3.7 64-bit)

(2)打开【IDLE(Python3.7 64-bit)】,弹出【Python 3.7.9 Shell】,如图 1-2-40 所示。

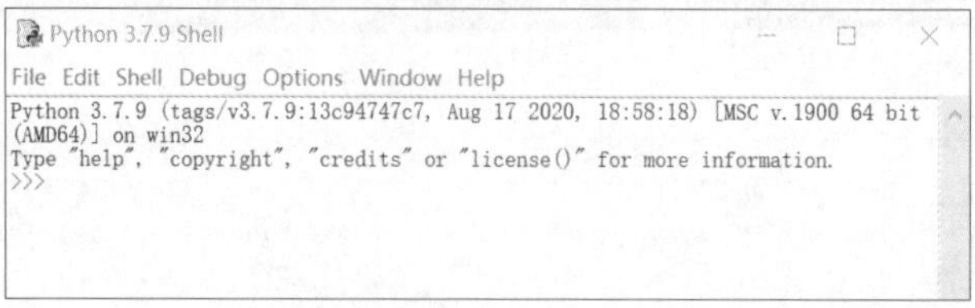

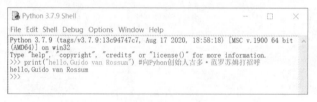

图 1-2-40 打开 IDLE(Python 3.7 64-bit)

(3)在【Python 3.7.9 Shell】中,使用【print】命令打印第一个 Python 程序,如图 1-2-41 所示。

图 1-2-41 编写程序

2.基于 CentOS 系统终端编写 Python 程序

(1)登录 CentOS 操作系统,单击左上角【应用程序】→【系统工具】→【终端】,打开终端,如图 1-2-42 所示。

图 1-2-42 登录 CentOS 终端

(2)在终端输入【python3】,启动 Python 3.7.9,如图 1-2-43 所示。

(3)编写一个 Python 程序,如图 1-2-44 所示。

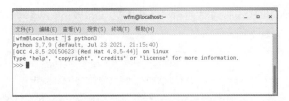

图 1-2-43 启动 Python 3.7.9

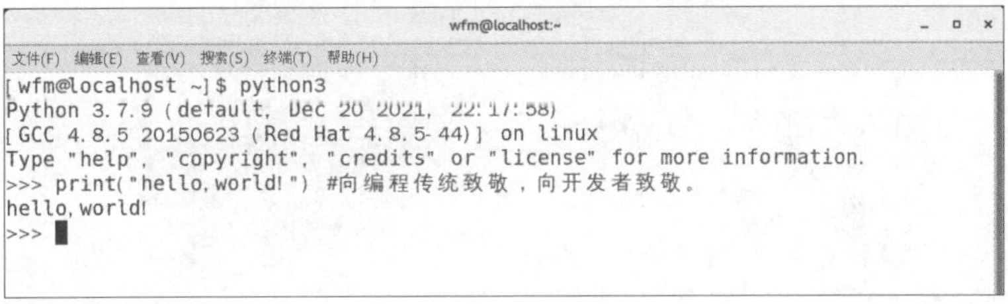

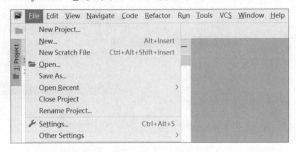

图 1-2-44 编写程序

3. 基于 PyCharm 编写 Python 程序

（1）启动 PyCharm 软件，创建一个工程。单击 PyCharm 左上角的【File】，在弹出的对话框中单击【New Project...】，如图 1-2-45 所示。

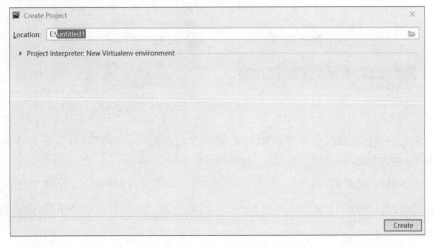

图 1-2-45 创建工程

（2）弹出【Create Project】对话框，在【Location】中选择路径，本例采用默认路径，单击【Create】，如图 1-2-46 所示。

图 1-2-46 选择工程路径

（3）在弹出的【Open Project】对话框中，单击【This Window】，如图 1-2-47 所示。工程创建完成，如图 1-2-48 所示。

图 1-2-47 选择 This Window

图 1-2-48 创建工程完成

（4）新建 Python 文件。在新建工程【untitled2】中右击，在弹出的对话框中，依次选择【New】→【Python File】，如图 1-2-49 所示。

图 1-2-49 新建 Python 文件

（5）在弹出的【New Python file】对话框中，输入文件命名，名称自定义，本示例名称为【Hello py】，如图 1-2-50 所示。按回车键，创建文件完成，如图 1-2-51 所示。

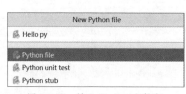

图 1-2-50 输入 Python 文件名

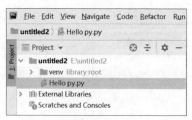

图 1-2-51 Python 文件创建完成

（6）单击左侧【Hello py.py】文件，在右侧弹出【Hello py.py】界面，在下方空白处编写第一个 Python 程序 print("hello,world!")，如图 1-2-52 所示。

（7）程序编写完成后，按"Ctrl＋Shift＋F10"组合键运行程序，运行结果如图 1-2-53 所示，笔记本计算机按"Ctrl＋Shift＋Fn＋F10"组合键，或者单击左下角的运行按钮来运行程序。

图 1-2-52　编写程序

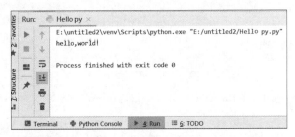

图 1-2-53　运行程序

四、安装 Anaconda

1. 登录 Windows 10,在浏览器地址栏输入 https://www.anaconda.com/download/,登录 Anaconda 官网,展开【Products】,单击 Anaconda 个人版【Individual Edition】,如图 1-2-54 所示。

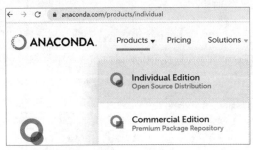

图 1-2-54　Anaconda 官网

2. 在加载的网页中,找到 Windows 版【Anaconda Individual Edition】下载链接,单击【Download】下载,如图 1-2-55 所示。

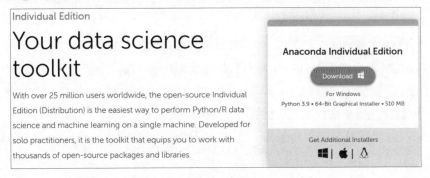

图 1-2-55　下载 Windows 版 Anaconda 个人版

3. 下载完成后，单击右下角【全部显示】查看安装包，如图 1-2-56 所示。

图 1-2-56　查看安装包下载路径

4. 在弹出的对话框中，单击 Anaconda3-2021.05-Windows-x86_64.exe 下面的【在文件夹中显示】，如图 1-2-57 所示。

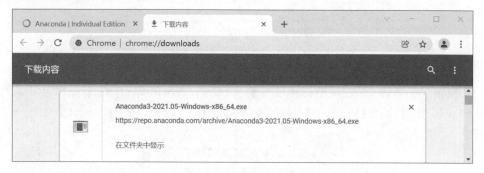

图 1-2-57　打开安装包下载路径

5. 进入下载管理器，找到【Anaconda3-2021.05-Windows-x86_64.exe】安装包，如图 1-2-58 所示。

图 1-2-58　打开安装包

6. 选中软件安装包，双击开始安装，在弹出的安装向导【Anaconda3 2021.05（64-bit）Setup】对话框的欢迎界面中，单击【Next】，如图 1-2-59 所示。

7. 在弹出的安装向导【Anaconda3 2021.05（64-bit）Setup】对话框的【License Agreement】界面中，单击【I Agree】，如图 1-2-60 所示。

8. 在安装向导的【Select Installation Type】界面中勾选【All Users（requires admin privileges）】，单击【Next】，如图 1-2-61 所示。

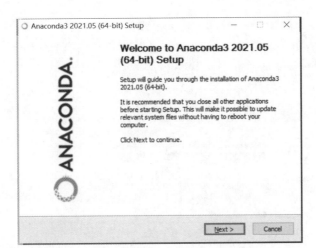

图 1-2-59 弹出安装向导界面

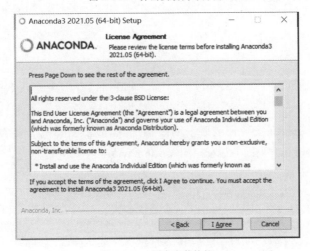

图 1-2-60 同意安装协议

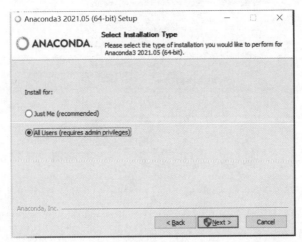

图 1-2-61 选择所有用户

9. 在安装向导的【Choose Install Location】界面中选择安装路径，默认安装路径即可，单击【Next】，如图 1-2-62 所示。如果需要更改路径，在【Destination Folder】中单击【Browse...】完成更改路径即可。

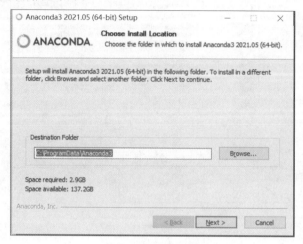

图 1-2-62　选择安装路径

10. 在安装向导的【Advanced Installation Options】界面中勾选【Add Anaconda3 to the system PATH environment variable】，将安装的 Anaconda3 添加到系统的环境变量中，如果不勾选，将需要在安装完成后手动添加进入环境变量，这一步在安装过程中很重要；同时还需要勾选【Register Anaconda3 as the system Python 3.8】，单击【Install】，开始安装，如图 1-2-63 所示。

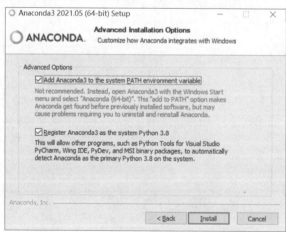

图 1-2-63　开始安装

11. 待安装进度条安装完成后单击【Next】，在弹出的对话框中单击【Next】。

12. 在弹出对话框中单击【Finish】，如图 1-2-64 所示。

13. 安装完成后，单击计算机左下角【开始】菜单，展开【Anaconda3（64-bit）】，可以看到 Anaconda3 安装完成，如图 1-2-65 所示，Anaconda 集成了 Spyder 和 Jupyter Notebook。

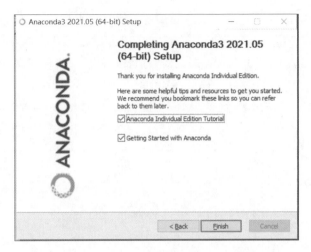

图 1-2-64　安装完成

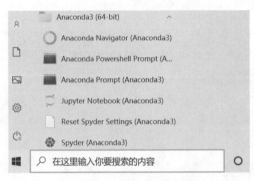

图 1-2-65　检查 Anaconda 安装情况

14. 在展开的【Anaconda3（64-bit）】单击【Spyder（Anaconda3）】启动 Spyder 软件，在 Spyder 的【Console 1/A】界面编写程序"print("Hello，Spyder!")"，按 Enter 键显示结果，如图 1-2-66 所示。

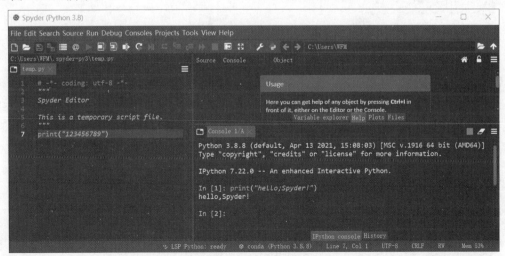

图 1-2-66　启动 Spyder（Anaconda3）

15. Anaconda 中的 Jupyter Notebook 则可以通过网页编写程序，如图 1-2-67 所示。

图 1-2-67　启动 Jupyter

任务 1.3　计算商品总价

计算商品总价

任务分析

在掌握了 Python 环境和开发环境运行程序方法后，本次任务将进一步学习如何编写 Python 小程序。结合数学的加减乘除四则运算法则，让 Python 使用简单的逻辑运算符来计算超市购物商品总价，并打印购物收银小票。

程序实现的场景有两个，第一个场景，客户到超市购物，客户选好物品后来到收银台，超市收银员需要将客户购买的物品和价格输入收银机，通过收银机计算出客户购买物品的总价；然后客户通过现金支付，由收银员将客户支付面额输入收银机，自动计算实收金额和应退金额；最后收银员按照收银显示结果退补客户多支付部分金额，通过 Python 小程序完成商品总价计算。第二个场景，客户第二次去超市购物时，告诉收银员，需要打印收银小票，需要将上次与本次购物清单打印成一张收银小票。本任务将通过 Python 的两段小程序实现以上收银过程金额结算和打印收银小票。

相关知识点

1.3.1　基本语法

计算机高级语言编程都有一定的基本语法，而每个高级语言遵循的基本语法不尽相同。Python 语言的基本语法具有简洁明了、易写易读的特点，要使用 Python 语言编写程序，需要指定代码路径、声明编码方式、做好代码注释、规范代码行和缩进、用好常量和变量、命名标识符等，其基本语法要求如下：

（1）指定 Python 代码路径。代码路径是创建工程时指定的代码存放文件路径，其在代码中体现如下面代码中的第 1 行所示。

```
1 #! /usr/bin/python        # 指定代码路径
2 # -*- coding：utf-8 -*-    # 声明编码格式为 utf-8 编码
3 print('文件名：test.py')    # 使用"#"来注释这句代码
4 '''这个是三个单引号的注释
```

```
5 这个是三个单引号的注释'''      # 使用三个单引号注释代码
6 """这个是三个双引号的注释
7 这个是三个双引号的注释
8 这个是三个双引号的注释"""      # 使用三个双引号注释代码
9 if True：
10      print ("Answer")
11      print ("True")
12 else：
13      print ("123")
```

（2）声明编码方式有助于代码正常执行而不报错。使用高级语言编程均需要声明编码方式，其中 utf-8 编码适用范围最广，也是使用最多的编码方式。在 Python 中，可以使用"# -*- coding：utf-8 -*-"格式声明编码为 utf-8 编码，如上面代码中的第 2 行所示。当然，也可以用"# coding：utf-8"或"# coding＝ utf-8"格式。

（3）做好代码注释有助于阅读代码。在代码中，可以使用#号来注释代码，也可以用三个单引号或三个双引号将注释内容括起来。用#号一般注释的是单行代码，如上面代码中每行代码后的#号，都是对该行代码进行注释；而三个单引号或三个双引号可以注释多行代码，如上面代码中的第 4～5 行为三个单引号注释，第 6～8 行为三个双引号注释。需要注意的是，注释内容不可编译，如#号后面紧跟着的内容不能编译，三个单引号或三个双引号括起来的内容也不可以编译。

（4）在使用 Python 时，要特别注意代码缩进，其他高级语言使用{}来区分代码模块，而 Python 使用的是缩进来区分代码模块。缩进是指代码前面的空格数，每行代码前的空格数量是可变的，但每个代码模块的代码语句必须包含相同的缩进空格数量，且必须严格执行。如上面代码的第 10 行和第 11 行代码前面缩进 4 个空格，它们组成一个代码模块；第 13 行代码前面缩进 3 个空格，这是单独的一个代码模块。在 Python 语法中，每个相同的缩进量表示一个模块，但是在实际项目中，缩进量的标准要统一，建议每 4 个空格为一个缩进量。

1.3.2 常量与变量

在计算机编程中，有时需要做一些数据交换，就会使用到常量和变量来实现这个目标。常量是指程序运行期间内存中数据持之不变的数值，内存中数值只可读不可写；常量又分为直接常量和符号常量。其中，直接常量有整数常量、小数常量、布尔数值（true、false）、字符等；符号常量是用符号来代表常量，是为了更加容易阅读和识别，比如用 π 来代表圆周率。

有时面对稍微复杂的问题，需要不断变化数值时，常量并不能满足这样的数据变化，需要使用到变量。变量在程序运行过程中可以根据需求不断变化内存中的数据，内存中的数值可读又可写，可以用来存储任意的数值和内容，值是可以变化的；在使用变量时，按照变量所遵循的规则自定义变量名，并通过相应的方式赋值和访问变量。

1.变量命名可以使用字母、数字和下划线组合来命名，且不能用数字开头，比如

bianhua 和 _b1an_2 是有效的变量名,而 100abc_qq 是无效的变量名。同时注意,变量名是区分大小写的,比如 hDDa 和 hdda 是两个不同的变量名。

2. 变量的标准数据类型支持数字、字符串、列表、元组、字典等。

3. 变量赋值是用赋值符号"="来完成的,其格式为"变量名=值"。

(1)为单个变量赋值:A=100。

(2)为多个变量赋值:A=B=C=D=E=100。

(3)为多个变量指定多个对象:A,E,F,H=100,"bianliang",300,1000。

(4)变量输出时,使用格式化操作符%可以在输出文字信息同时输出数值,用%d 会输出十进制整数,%s 会输出字符串,%f 会输出浮点数。变量输出格式是 print('格式化字符串'%变量),实现方法如下:

```
# -*- coding：utf-8 -*-
A=110                          # 给变量 A 赋值 110
B=150                          # 给变量 B 赋值 150
C= float(A)＋float(B)          # 将 A、B 分别转换为浮点数,然后求和赋值给 C
print('数字求和为:%d' %C)       # 使用格式化操作符%输出 C 的值为十进制整数
```

运行结果为:

260

1.3.3　输入与输出

编写第一个程序后可以发现,Python 语言在人与计算机交互的过程中,会有输入与输出两个部分,可以通过输入向计算机下达指令,然后计算机通过输出将内容展示出来。计算机高级语言都会内置有输入和输出方法给人与计算机提供交互途径,Python 语言也是如此。

1. 输出

Python 常用的输出途径是内置函数 print()函数,也叫作打印,其语法结构如下:

```
print( * objects, sep=' ', end='\n', file=sys. stdout, flush=False)
```

Python 打印输出具体实现方法如下:

```
print('hello')                 # 注意括号里的值需要使用单引号或双引号括起来
```

程序运行结果为:

hello

如果要打印输出多个值,可以使用逗号将值隔开,示例如下:

```
print('hello','Python')        # 需要输出多个值,值中间用逗号隔开
```

程序运行结果为:

hello Python

接下来将通过 print 函数完成中文段落的打印,内容以"2020 年中宣部授予山东港口集团青岛港'连钢创新团队''时代楷模'荣誉称号"事迹为例,代码实现如下:

```
print("2020 年中宣部授予山东港口集团青岛港"连钢创新团队""时代楷模"荣誉称号,山东港口
集团青岛港"连钢创新团队"是以张连钢同志为带头人的全自动化码头建设创新团队。自 2013 年组建
以来,该团队认真学习贯彻习近平总书记努力打造世界一流的智慧港口、绿色港口的重要指示精神,秉
```

承科技报国志向,坚持自主创新理念,锐意进取、敢为人先,团结协作、集智攻关,破解一系列技术难题,构建一整套技术标准,建成了一座拥有自主知识产权的全自动化码头,成为工业互联网在港口场景中应用的成功案例,提供了智慧港口建设运营的"中国经验""中国方案"。作为计算机专业学习者、从业者,我们要具备良好的职业素养,锻炼创新意识,要有"连钢创新团队"这样的拼搏精神,要提高自身水平,要有团队意识,相互协同才能集智攻关,取得新的成绩。")

2. 输入

Python 的输入途径主要是通过内置的函数 input()来实现的,其语法结构为:input([prompt]),函数里面的形参 prompt 是提示标准输入数据,因为它希望能读取一个合法的 Python 表达式,所以输入数值用引号引起来。

input('请输入:')	# 输入提示用单引号括起来,输入完成按回车键运行程序
请输入:123	# 弹出输入提示"请输入:",输入数值 123 后回车运行
123	# 输出结果

Python 在编程过程中,经常会将 input()输入值返回给变量,然后通过变量输出数值。

A=input('请输入:')	# 将 input 函数标准输入值返回给变量 A,按回车键运行程序
请输入:first	# 程序运行后弹出输入提示,输入数值 first
print(A)	# 通过变量 A 输出数值
first	# 输出结果,结果数值的值类型仍是字符串

input()函数无论是输入值还是返回值的类型都是字符串,不能将输出的数字结果直接用来做运算,如果将 input()函数输出结果进行求和计算,结果只会将两个输出结果进行拼接,示例如下:

A=input('请输入第一个数字:')	# 将第一个输入值返回给变量 A
B=input('请输入第二个数字:')	# 将第二个输入值返回给变量 B
C=A+B	# 将两个值进行相加
print(C)	# 输出结果

程序运行结果为:

请输入第一个数字:87	# 输入数字 87
请输入第二个数字:76	# 输入数字 76
8776	# 运行结果仍然以字符串类型拼接,求和结果错误

想要实现求和运算,需要先将输出数字结果转换为整型或浮点型才可以运算,示例如下:

A=input('请输入第一个数字:')	# 将第一个输入值返回给变量 A
B=input('请输入第二个数字:')	# 将第二个输入值返回给变量 B
C=float(A)+float(B)	# 将变量 A、B 转换为浮点型再求和
print(C)	# 输出结果

程序运行结果为:

请输入第一个数字:87	# 输入数字 87
请输入第二个数字:76	# 输入数字 76
163.0	# 运行结果正确

任务实现

本次任务以超市购物场景为例,通过以下步骤实现收银小程序:

(1)结合变量、运算符号和输入/输出函数,计算商品总价。

(2)结合变量、运算符号和输入/输出函数,打印收银小票。

打印收银小票任务实现

1.计算商品总价

客户去超市购物前,先列出一份购物清单,有酸菜方便面、牛肉干、滑板车、卫生纸、篮球,客户在超市选好了酸菜方便面、牛肉干、卫生纸、篮球后发现没有滑板车,超市工作人员告诉客户滑板车要一周后才有货物,客户决定一周后再来购买滑板车,先购买已选好的货物并且通过现金支付。商品信息见表 1-3-1。

表 1-3-1   商品信息

序号	商品名称	价格变量名称	价格
1	酸菜方便面	Price1	5
2	牛肉干	Price2	105
3	卫生纸	Price3	12
4	篮球	Price4	161

收银员开始将商品信息录入收银机计算商品总价,然后完成收银。

任务实现代码 1-3-1:

```
# - * - coding:utf-8 - * -
price1=input('酸菜方便面:')
price2=input('牛肉干:')
price3=input('卫生纸:')
price4=input('篮球:')
pay=float(input('支付金额:'))
price_total=float(price1)+float(price2)+float(price3)+float(price4)
crash = pay-price_total
print('您本次购物实际消费:%d 元;收您:%d 元,\
退您:%d 元。' %(price_total,pay,crash))
print('收银总计为:%d 元。'%price_total)
print('收银员:')
```

程序运行结果为:

酸菜方便面:5

牛肉干:105

卫生纸:12

篮球:161

支付金额:300

您本次购物实际消费:283 元;收您:300 元,退您:17 元。

收银总计为:283 元。

收银员:

　　客户购买货物付款后,带着货物离开超市,准备下周来购买滑板车时再一起打印收银小票。

2.打印收银小票

　　客户一周后又来到超市,并选好了心仪的滑板车,滑板车售价 200 元一辆,客户带着滑板车来到收银台准备付款,并且告诉收银员需要打印收银小票,连着上次购物的一起打印。收银员开始为客户打印小票。

任务实现代码 1-3-2:

```
# -*- coding: utf-8 -*-
print('* * * * * * * * * * * * * * * * * * * * * * * * * * * * * * *')
print('单号:21121575665588566')
print('2021-3-17 17:09:09')
print('* * * * * * * * * * * * * * * * * * * * * * * * * * * * * * *')
price_total=0
name=input('商品名:')
count=int(input('数量:'))
price=int(input('支付金额:'))
total=count * price
price_total=price_total+total
print('* * * * * * * * * * * * * * * * * * * * * * * * * * * * * * *')
print('名称','数量','单价','金额',sep='\t')
print(name,count,price,total,sep='\t\t')
name='方便面'
count=1
price=5
total=count * price
price_total=price_total+total
print(name,count,price,total,sep='\t\t')
name='牛肉干'
count=3
price=35
total=count * price
price_total=price_total+total
print(name,count,price,total,sep='\t\t')
name='卫生纸'
count=2
price=6
total=count * price
price_total=price_total+total
print(name,count,price,total,sep='\t\t')
name='篮球'
```

```
count＝1
price＝161
total＝count * price
price_total＝price_total＋total
print(name,count,price,total,sep='\t\t')
print('＊＊＊＊＊＊＊＊＊＊＊＊＊＊＊＊＊＊＊＊＊＊＊＊')
print('收银合计:\t\t\t\t\t',price_total)
print('您共消费:%d 元。' %(price_total))
print('＊＊＊＊＊＊＊＊＊＊＊＊＊＊＊＊＊＊＊＊＊＊＊＊')
print('感谢您的惠顾,欢迎下次再来! \n 收银员:')
```

程序运行结果为：

```
＊＊＊＊＊＊＊＊＊＊＊＊＊＊＊＊＊＊＊＊＊＊＊＊
单号:21121575665588566
2021-3-17 17:09:09
＊＊＊＊＊＊＊＊＊＊＊＊＊＊＊＊＊＊＊＊＊＊＊＊
商品名:滑板车
数量:1
支付金额:200
＊＊＊＊＊＊＊＊＊＊＊＊＊＊＊＊＊＊＊＊＊＊＊＊
名称 数量 单价 金额
滑板车    1      200    200
方便面    1      5      5
牛肉干    3      35     105
卫生纸    2      6      12
篮球      1      161    161
＊＊＊＊＊＊＊＊＊＊＊＊＊＊＊＊＊＊＊＊＊＊＊＊
收银合计:        483
您共消费:483 元。
＊＊＊＊＊＊＊＊＊＊＊＊＊＊＊＊＊＊＊＊＊＊＊＊
感谢您的惠顾,欢迎下次再来!
收银员:
```

项目小结

　　通过本项目学会了 Python 环境及集成开发环境的部署方法,以及 Python 的基本语法,对 Python 的基本知识和开发有了初步了解。其中,Python 的安装环境可以基于 Windows 操作系统和 Linux 操作系统两种平台,Python 集成的开发环境也可以根据不同场景使用 PyCharm 或 Anaconda 进行开发。同时,学会了 Python 编写程序的基础规则和基本语法,能够使用 Python 编写一个收银小程序,为学习后续内容巩固了基础。

习　题

一、选择题

1. Python 语言的创始人是（　　　）。

A. 比尔·盖茨　　　　B. 雷军　　　　　　C. 布朗德　　　　　D. 吉多·范罗苏姆

2. 以下（　　　）系统不能安装集成开发环境 PyCharm。

A. Windows 10　　　B. CentOS　　　　　C. 安卓　　　　　　D. Redhat Linux

3. 在 CentOS 7 操作系统中，默认带有的 Python 版本是（　　　）。

A. Python2　　　　　B. Python3　　　　　C. Python4　　　　 D. Python1

4. Anaconda 不包含的工具有（　　　）。

A. Spyder　　　　　　　　　　　　　B. Jupyter

C. Anaconda Prompt　　　　　　　　D. Visual Studio

5. CentOS 操作系统安装 Python3 可以用的命令是（　　　）。

A. su　　　　　　　　B. yum　　　　　　 C. delete　　　　　 D. bug

6. 使用 Python 语言编程，最好在代码前使用（　　　）声明编码为 utf-8 编码。

A. # - * - coding：utf-8 - * -　　　　　B. coding

C. date　　　　　　　　　　　　　　　D. # -utf-8

7. 以下（　　　）是 Python3 的输出函数。

A. print（'hello'）　　B. input　　　　　　C. tab　　　　　　 D. out

8. 以下代码输出的结果是（　　　）。

A＝1

B＝1

C＝float(A)＋float(B)

print(C)

A. 0.5　　　　　　　　B. 2　　　　　　　　C. 1　　　　　　　 D. 0

9. 在 Python3 中，（　　　）不可以用来注释代码。

A. 三个单引号　　　　B. 三个双引号　　　　C. #　　　　　　　 D. ～

10. 以下不是 Python 的算术运算符的是（　　　）。

A. #　　　　　　　　 B. -　　　　　　　　 C. ＋　　　　　　　 D. /

二、判断题

1. Python 2.0 与 Python 3.0 编写的所有代码相互之间可以兼容。　　　　　　（　　　）

2. Python 语言不是计算机高级语言。　　　　　　　　　　　　　　　　　　（　　　）

3. Python 语言编写的脚本运行速度要慢于 C 语言或 Java 语言。　　　　　　（　　　）

4. 集成开发环境 PyCharm 不能实现语法高亮。　　　　　　　　　　　　　　（　　　）

5. Windows 10 操作系统不能安装 Anaconda。　　　　　　　　　　　　　　（　　　）

6. Linux 操作系统可以进行源码安装 PyCharm。　　　　　　　　　　　　　（　　　）

7. CentOS 操作系统安装好 PyCharm 后，需要添加软链接才能通过命令快速启动 PyCharm。　　　　　　　　　　　　　　　　　　　　　　　　　　　　（　　）

8. 在 Python 语言代码中，可以用♯号对单行代码进行注释。　　　　　（　　）

9. Python3 中不可以使用变量。　　　　　　　　　　　　　　　　　（　　）

10. Python 语言在编写代码时只能输入不能输出。　　　　　　　　　（　　）

三、简答题

1. 请对比 Python2 和 Python3 的异同点，阐述 Python3 不兼容 Python2 的原因。

2. 请列举 CentOS 7 操作系统下载 Python 安装包的几种方式。

3. 请列举出 Python 可以使用的五种集成开发工具，并对比它们的优缺点。

4. 请列举至少三种编程声明的编码方式，并写出各自的特点。

项目 2

编写通信录

随着科技的进步和发展,移动通信得到广泛使用,在移动终端存储联系人信息尤为重要,通信录成为人们必不可少的工具,提升了人与人之间的沟通效率。本项目将通过实现通信录的方式,对 Python 的数据类型、字符串、元组、字典、集合以及运算符进行学习。最后,运用所学知识实现通信录的功能。

● 学习目标

1. 掌握字符串的常用操作。
2. 掌握列表的创建,以及增、删、改、查等操作。
3. 掌握元组与列表的区别,以及取值的操作。
4. 掌握字典的创建,以及增、删、改、查等操作。
5. 掌握集合的创建,并进行运算。

任务 2.1 电话号码录入

微 课

电话号码录入

任务分析

在通信录中录入联系人信息时,第一步就是录入电话号码,并实现保存。本任务要求了解数据类型种类,掌握 Number 数据类型,能够使用输入/输出语句完成整型、浮点型的输入与输出,根据所学知识点录入电话号码。

相关知识点

2.1.1 数据类型分类

在编写通信录时,需要存储多种数据,例如,一个人的姓名、电话号码、年龄等均需要不同的数据进行存储。数据类型是高级编程语言的重要组成部分。Python 中有六个标准的数据类型,主要包括 Number(数字)、String(字符串)、List(列表)、Tuple(元组)、Dictionary(字典)、Set(集合)。

2.1.2 数字类型

Number 数据类型主要包括四种类型,分别是 int(整型)、float(浮点型)、bool(布尔型)、complex(复数型)。

1. 整型

int 类型通常被称为整型或者整数,包括正整数、0 和负整数,即没有小数部分的数,如 1、12、888 等均为整数。在 Python3 中 int 类型的取值可以任意大小。变量定义格式为:变量名＝初始值。创建完变量后可通过 print 语句将值进行输出,可通过 type 获取变量的类型。

定义一个整型变量,代码如下:

```
# - * - coding：utf-8 - * -
n = 1                    # 将 1 赋值给变量 n
print(n)                 # 输出变量 n 的值
print( type(n) )         # 输出变量 n 的数据类型
```

程序运行结果为:

```
1
<class 'int'>
```

给整型变量赋值,代码如下:

```
# - * - coding：utf-8 - * -
# 给 num1 赋值一个很大的整数
num1 = 88888888888888888888888
print(num1)
print( type(num1) )
# 给 num2 赋值一个很小的整数
num2 = －88888888888888888888888
print(num2)
print( type(num2) )
```

程序运行结果为:

```
88888888888888888888888
<class 'int'>
－88888888888888888888888
<class 'int'>
```

通过上面的代码可以看出 Python 的数据处理能力非常强大,不管多大或者多小的整数在 Python 的数据类型均为 int。Python2 中有长整型 long,数值范围更大,在 Python3 中已取消,所有整型统一由 int 表示。

2. 浮点型

在 Python 当中所有的小数均被存储为浮点型(float),Python 的浮点数类似 Java 语言中的 double 类型;浮点数由整数部分和小数部分组成。浮点型表达方式主要有两种:

一种为十进制形式，如 1.23、98.65 等；另外一种为指数形式，如 1.2e3、43E-5 等。代码如下：

```
# -*- coding：utf-8 -*-
f1 = 1.23
print("f1：", f1)
print("f1Type：", type(f1))
f2 = 1243.987654321
print("f2：", f2)
print("f2Type：", type(f2))
f3 = 1.2e5
print("f3：", f3)
print("f3Type：", type(f3))
f4 = 1.23 * 0.1
print("f4：", f4)
print("f4Type：", type(f4))
```

程序运行结果如下：

```
f1： 1.23
f1Type： <class 'float'>
f2： 1243.987654321
f2Type： <class 'float'>
f3： 120000.0
f3Type： <class 'float'>
f4： 0.123
f4Type： <class 'float'>
```

浮点数在做运算时可能会有四舍五入的误差。如观察以下运算，在数学中很容易得出结果应该是 3.3，而使用程序运算得出的结果却是 3.3000000000000003，代码如下：

```
# -*- coding：utf-8 -*-
f1=1.1
f2=2.2
print(f1+f2)
```

程序运行结果为：

```
3.3000000000000003
```

3.布尔型

布尔型（bool）是一种表示逻辑值的简单类型。它的值只能为真或假，即 True 和 False 两个值。Python3 中，布尔型是整型的子类，布尔型可以当作整数来对待，即 True 相当于整数值 1，False 相当于整数值 0。代码如下：

```
# -*- coding：utf-8 -*-
b1=True
b2=False
```

```
print(b1,b2)
print(type(b1))
print(type(b2))
```

程序运行结果为：

```
True False
<class 'bool'>
<class 'bool'>
```

空值是 Python 中一个特殊的值，用 None 表示，它的含义为空。代码如下：

```
# -*- coding：utf-8 -*-
n＝None
print(n)
print(type(n))
```

程序运行结果为：

```
None
<class 'NoneType'>
```

4. 复数型

复数型（complex）是 Python 的内置类型，直接书写即可。复数由实部部分和虚部部分组成，具体格式为：a ＋ bj，a 表示实部，b 表示虚部；或者用 complex(a,b)表示。复数的实部和虚部都是浮点型。示例代码如下：

```
# -*- coding：utf-8 -*-
c1 = 1 + 0.5j
print("c1：", c1)
print("c1Type", type(c1))
```

程序运行结果为：

```
c1：    (1＋0.5j)
c1Type <class 'complex'>
```

通过上述内容的讲解，相信大家都理解了 Python 中的数字类型和每个类型的范围，同学们也理解了做任何事情要知深浅，不能超过规定的范围，做到心中有度。这里的"度"是做人的标准，大学生要遵守刚性规则，即国家法律法规、学校管理制度等；还要遵守柔性规则，即社会主义核心价值观、文明公约和社会常识。党的十八大提出，倡导富强、民主、文明、和谐，倡导自由、平等、公正、法治，倡导爱国、敬业、诚信、友善，积极培育和践行社会主义核心价值观。其中"爱国、敬业、诚信、友善"是公民基本道德规范，是从个人行为层面对社会主义核心价值观基本理念的凝练。它覆盖社会道德生活的各个领域，是公民必须恪守的基本道德准则，也是评价公民道德行为选择的基本价值标准。

2.1.3　键盘录入

Python3 提供了 input()内置函数从标准输入读入一行文本，用于从控制台读取用户输入的内容。函数 input()让程序暂停运行，等待用户输入一些文本，获取用户的输入后，

Python 将其存储到一个变量中,input 接收的任何数据类型都会默认为字符串类型。

具体语法格式为:input([prompt]),prompt 表示提示信息,它会显示在控制台上,告诉用户应该输入什么样的内容;如果不写,就不会有任何提示信息。示例代码如下:

```
# - * - coding：utf-8 - * -
str = input("请输入：")
print("你输入的内容是：", str)
print(type(str))
```

程序运行结果为:

请输入:123456

你输入的内容是： 123456

<class 'str'>

通过键盘输入的严格格式讲解,在输入/输出时要设计好输入和输出的格式,通过输入/输出对比,想到了周恩来总理《团结广大人民群众一道前进》中的一句话,就是严以律己,宽以待人。律己宽人是中华民族传统美德之一,是一个人具有很高素养的标志。人们在自己的一言一行中注意遵循一定的道德准则和行为规范,严格要求自己、约束自己、修养情操、完善品德,用宽宏大量的胸怀对待他人。

任务实现

根据任务分析和该任务所讲知识点,任务的具体实现步骤如下:

1. 定义一个整型变量,名为 tel,用来存储用户电话号码。

2. 通过 input() 函数输入 11 位电话号码,存储在 tel 变量中。

3. 将 tel 的值和类型输出到控制台。

电话号码录入任务实现

示例代码如任务实现代码 2-1-1 所示。

任务实现代码 2-1-1:

```
# - * - coding：utf-8 - * -
# 电话号码录入
tel=input("请输入你的 11 位电话号码：")
print("你的电话号码为：", tel)
print(type(tel))
```

程序运行结果为:

请输入你的 11 位电话号码:13688888888

你的电话号码为： 13688888888

<class 'str'>

技能拓展

在 Python 语言中,Number 数据类型主要包括 int 类型、float 类型、bool 类型、complex 类型等。在实际编程过程中,对变量进行运算,在浮点型运算时会出现四舍五入的误差,浮点数(小数)在计算机中实际是以二进制存储的,并不精确。比如 0.1 是十进制,转换为二进制后就是一个无限循环的数。Python 是以双精度(64 bit)来保存浮点数的,后面多余的会被砍掉,所以在电脑上实际保存的值已经小于 0.1 了,后面拿来参与运算就产生了误差。那么如何进行解决呢?

任务 2.2　姓名录入

姓名录入

任务分析

电话号码录入完毕后,联系人姓名必不可少。本任务要求掌握字符串类型、字符串定义以及常见操作方法,能够熟练使用字符串常用方法完成相应的功能,根据所学知识点完成录入姓名任务。

相关知识点

2.2.1　字符串的定义

字符串是在语言领域应用广泛的一种数据类型,可以理解为一种文本,通过三种方法进行定义:

第一种:使用单引号定义,如'Hello,World!'。示例代码如下:

```
# - * - coding: utf-8 - * -
str1='Hello,World!'
print(str1)
print(type(str1))
```

程序运行结果为:

```
Hello,World!
<class 'str'>
```

第二种:使用双引号定义,如"Hello,World!"。示例代码如下:

```
# - * - coding: utf-8 - * -
str2="Hello,World!"
print(str2)
print(type(str2))
```

程序运行结果为:

```
Hello,World!
<class 'str'>
```

第三种:使用三个双引号"""或者三个单引号'''定义。

如"""Hello,World!""","'''Hello,World!'''"。这种方式也被称为长字符串。长字符串支持跨行定义。示例代码如下:

```
# - * - coding：utf-8 - * -
str3="""Hello，
World!"""
print(str3)
print(type(str3))
str4='''Hello，
World!'''
print(str4)
print(type(str4))
```

程序运行结果为：

Hello，

World!

＜class 'str'＞

Hello，

World!

＜class 'str'＞

2.2.2 转义字符

转义字符是以反斜杠\开头的字符，将一些字符转换成有特殊含义的字符，常见的有 \n,\r,\t 等。转义字符见表 2-2-1。

表 2-2-1 转义字符

转义字符	描述
\	续行符
\\	反斜杠符号
\'	单引号
\"	双引号
\a	响铃
\b	退格
\e	转义
\0	空字符(NULL)
\n	换行
\v	纵向制表符
\t	横向制表符
\f	换页
\oyy	八进制 yy 代表的字符
\xyy	十进制 yy 代表的字符
\r	回车

示例代码如下：

```
# - * - coding：utf-8 - * -
print("num＝10\nstr='hello'")          # \n 为换行符
print("hello\\nworld")                  # \\为\,将\转义
print('str1=\'hello\'')                 # \'转义单引号
print("str2=\"world\"")                 # \"转义双引号
```

程序运行结果为：

```
num＝10
str='hello'
hello\nworld
str1='hello'
str2="world"
```

2.2.3 字符串的拼接

在 Python 中将字符串进行连接时直接将两个字符串紧挨着写在一起即可，Python 会自动将两个字符串拼接在一起。示例代码如下：

```
# - * - coding：utf-8 - * -
str1="hello""world"
print(str1)
```

程序运行结果为：

```
helloworld
```

还可以通过"＋"，将需要拼接的字符串进行连接，使用星号（＊）表示重复。示例代码如下：

```
# - * - coding：utf-8 - * -
str1="hello"
str2="world"
print(str1＋str2)
print(str1 * 3)
```

程序运行结果为：

```
helloworld
hellohellohello
```

2.2.4 获取字符串长度

在 Python 中获取字符串的长度可以使用 len 函数，基本语法格式为：len(string)，其中 string 用于指定要进行长度统计的字符串。示例代码如下：

```
# - * - coding：utf-8 - * -
str1='Hello,World!'
print(len(str1))
```

程序运行结果为：

```
12
```

2.2.5　字符串的搜索

在 Python 中,字符串的搜索主要包括 find()和 index()。

find()方法用于检索字符串中是否包含目标字符串,如果包含,则返回第一次出现该字符串的索引;反之,则返回-1。索引是字符串中每一个元素的编号,也称为下标。这个索引是从 0 开始递增的,即从第一个元素开始,索引为 0,第二个元素索引为 1,依此类推。也可从最后一个元素开始计数,即最后一个元素的索引值为-1,倒数第二个元素的索引值为-2,依此类推。

find()方法语法:str. find(str,beg=0,end=len(string))。

str——指定检索的字符串。

beg——开始索引,默认为 0。

end——结束索引,默认为字符串的长度。

注意:起点和终点(第二个和第三个参数)指定的搜索范围包含起点,但不包含终点。

示例代码如下:

```
# - * - coding: utf-8 - * -
str1="abcdaefg"
print(str1.find('a'))      # 首次出现"a"的位置索引。从下标 0 开始,查找在字符串里第一个
                             出现的子串
print(str1.find('a',2))    # 手动指定起始索引的位置。从下标 2 开始,查找在字符串里第一个
                             出现的子串
print(str1.find('a',2,4))  # 手动指定起始索引和结束索引的位置。查找不到返回-1
```

程序运行结果为:

```
0
4
-1
```

index()方法也可以用于检索是否包含指定的字符串,不同之处在于,当指定的字符串不存在时,index()方法会抛出异常。index()方法语法:str. index(str,beg=0,end=len(string))。示例代码如下:

```
# - * - coding: utf-8 - * -
str1="abcdaefg"
print(str1.index('a'))      # 首次出现"a"的位置索引。从下标 0 开始,查找在字符串里第一个
                              出现的子串
print(str1.index('a',2))    # 手动指定起始索引的位置。从下标 2 开始,查找在字符串里第一个
                              出现的子串
print(str1.index('a',2,4))  # 手动指定起始索引和结束索引的位置。查找不到返回异常
```

程序运行结果如图 2-2-1 所示。

```
0
4
-----------------------------------------------------------------------------------
ValueError                               Traceback (most recent call last)
<ipython-input-15-fc5f02addbb0> in <module>
      2 print(str1.index('a'))#首次出现 "a" 的位置索引。从下标0开始，查找在字符串里第一个出现的子串
      3 print(str1.index('a',2))#手动指定起始索引的位置。从下标2开始，查找在字符串里第一个出现的子串
----> 4 print(str1.index('a',2,4))#手动指定起始索引和结束索引的位置。查找不到返回-1

ValueError: substring not found
```

图 2-2-1　检索是否包含指定的字符串

2.2.6　字符串切割

在 Python 中切割字符串用的是 split(),split()方法可以实现将一个字符串按照指定的分隔符切分成多个子串,这些子串会被保存到列表中(不包含分隔符),语法为:str.split(sep,maxsplit),str 为进行切割的字符串,sep:用于指定分隔符,可以包含多个字符。此参数默认为 None,表示所有空字符,包括空格、换行符"\n"、制表符"\t"等。maxsplit:可选参数,用于指定分割的次数。示例代码如下:

```python
# -*- coding: utf-8 -*-
str = '1|2|3|4|5'
print(str.split('|'))
print(str.split('|',3))
print(str.split())
```

程序运行结果为:

```
['1', '2', '3', '4', '5']
['1', '2', '3', '4|5']
['1|2|3|4|5']
```

2.2.7　统计字符串出现的次数

count()方法用于检索指定字符串在另一字符串中出现的次数,如果检索的字符串不存在,则返回 0,否则返回出现的次数。count()方法语法:str.count(sub, start= 0,end= len(string))。

sub——搜索的子字符串。

start——字符串开始搜索的位置。默认为第一个字符,第一个字符索引值为 0。

end——字符串结束搜索的位置。字符中第一个字符的索引为 0。默认为字符串的最后一个位置。示例代码如下:

```python
# -*- coding: utf-8 -*-
str1 = "abcdaeafg"
print(str1.count('a'))
print(str1.count('a',2,4))
```

程序运行结果为:

```
3
0
```

2.2.8　大小写转换

在 Python 中,字符串大小写转换提供了 3 种方法,分别是 title()、lower()和 upper()。

title()方法用于将字符串中每个单词的首字母转为大写,其他字母全部转为小写,转换完成后,此方法会返回转换得到的字符串。如果字符串中没有需要被转换的字符,此方法会将原字符串返回。

lower()方法用于将字符串中的所有大写字母转换为小写字母,转换完成后,该方法会返回新得到的字符串。如果字符串中原本都是小写字母,则该方法会返回原字符串。

upper()的功能用于将字符串中的所有小写字母转换为大写字母,如果转换成功,则返回新字符串;反之,则返回原字符串。示例代码如下:

```
# - * - coding：utf-8 - * -
str1='abc'
print(str1.title())
str2='abc'
print(str2.upper())
str3='ABC'
print(str3.lower())
```

程序运行结果为:

```
Abc
ABC
abc
```

任务实现

根据任务分析和该任务所讲知识点,任务的具体实现步骤如下:

1.定义一个字符串为 name,用来存储用户姓名。

2.通过 input()函数输入用户姓名,存储在 name 变量中。

3.将 name 的值和类型进行输出。

参考代码如任务实现代码 2-2-1 所示。

任务实现代码 2-2-1:

```
# - * - coding：utf-8 - * -
name=input("请输入姓名:")
print("你的姓名为",name)
print(type(name))
```

程序运行结果为:

```
请输入姓名:张三
你的姓名为张三
<class 'str'>
```

微 课

姓名录入任务实现

技能拓展

当字符串内容中出现引号时,需要进行特殊处理,否则 Python 会解析出错,如′I′m a good man!′,此时 Python 会将字符串中的单引号与第一个单引号配对,这样就会把 I 当成字符串,而后面的 m a good man! 就变成了多余的内容,从而导致语法错误。解决方案有两种:

1. 对引号进行转义。
2. 使用不同的引号包围字符串。

任务2.3　运算符的分类及用法

运算符的分类及用法

本任务通过对运算符的学习和使用,主要实现温度之间的转换,将用户输入的华氏温度转化为摄氏温度。运算符是一些特殊的符号,主要用于计算、逻辑判断等运算。Python 的运算符主要包括算术运算符、比较运算符、赋值运算符、位运算符、逻辑运算符、成员运算符、身份运算符。

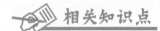

2.3.1　算术运算符

算术运算符也称为数学运算符,用来进行数学运算,如加、减、乘、除等。算术运算符的相关解释见表 2-3-1。

表 2-3-1　　　　　算术运算符的相关解释

运算符	说明
+	加
—	减
*	乘
/	除
//	整除(只保留整数部分)
%	取余,返回除法的余数
**	次方运算/幂运算

示例代码如下:

```
# - * - coding：utf-8 - * -
a＝2
b＝11
```

```
print(a＋b)            # a 与 b 相加
print(a－b)            # a 与 b 相减
print(a * b)          # a 与 b 相乘
print(a/b)            # a 与 b 相除
print(a//b)           # a 与 b 整除运算
print(a％b)           # a 返回除法的余数
print(a ** b)         # a 的 b 次方
```

程序运行结果为：

```
13
－9
22
0.18181818181818182
0
2
2048
```

2.3.2　比较运算符

比较运算符,也称关系运算符,用于对常量、变量或表达式的结果进行大小比较。如果比较成立,则返回 True(真);反之,则返回 False(假)。比较运算符的相关解释见表 2-3-2。

表 2-3-2 　　　　　　　　　　比较运算符的相关解释

运算符	说明
＝＝	如果两个操作数的值相等,则条件为真
！＝	如果两个操作数的值不相等,则条件为真
＞	如果左操作数的值大于右操作数的值,则条件为真
＜	如果左操作数的值小于右操作数的值,则条件为真
＞＝	如果左操作数的值大于或等于右操作数的值,则条件为真
＜＝	如果左操作数的值小于或等于右操作数的值,则条件为真

示例代码如下：

```
# - * - coding：utf-8 - * -
a＝2
b＝11
print(a＝＝b)
print(a！＝b)
print(a＞b)
print(a＜b)
print(a＞＝b)
print(a＜＝b)
```

程序运行结果为：

False

True

False

True

False

True

2.3.3 赋值运算符

在 Python 中赋值运算符是将右侧的值赋给左侧的变量或者常量。运算符符号主要有＝、＋＝、－＝、＊＝、／＝、％＝、＊＊＝、／／＝。赋值运算符的相关解释见表 2-3-3。

表 2-3-3　　　　　　　　　　　赋值运算符的相关解释

运算符	说明
＝	将右操作数的值分配给左操作数
＋＝	将右操作数与左操作数相加，并将结果分配给左操作数
－＝	将左操作数减去右操作数，并将结果分配给左操作数
＊＝	将右操作数与左操作数相乘，并将结果分配给左操作数
／＝	将左操作数除以右操作数，并将结果分配给左操作数
％＝	将左操作数除以右操作数的模数，并将结果分配给左操作数
＊＊＝	以某某为底，执行某某指数(幂)计算，并将值分配给左操作数
／／＝	运算符执行整除运算，并将值分配给左操作数

2.3.4 位运算符

在 Python 中，位运算符包括按位与(&)、按位或(|)、按位求反(～)、按位异或(^)、左移位(<<)和右移位(>>)。位运算符是把数字看作二进制来进行运算的，位运算符的相关解释见表 2-3-4。

表 2-3-4　　　　　　　　　　　位运算符的相关解释

运算符	说明
按位与(&)	只有参与 & 运算的两个位都为 1 时，结果才为 1，否则为 0
按位或(|)	两个二进制位有一个为 1 时，结果就为 1；两个都为 0 时，结果才为 0
按位求反(～)	对参与运算的二进制位取反
按位异或(^)	参与运算的两个二进制位不同时，结果为 1，相同时结果为 0
左移位(<<)	操作数的各个二进制位全部左移若干位，高位丢弃，低位补 0
右移位(>>)	操作数的各个二进制位全部右移若干位，低位丢弃，高位补 0 或 1

示例代码为：

```
# - * - coding：utf-8 - * -
```

```
a = 3                          # 3 的二进制为 0011
b = 1                          # 1 的二进制为 0001
c = 0
c = a & b;                     # 按位与 0011&0001 = 0001,为十进制的 1
print('a & b=',c)
c = a | b;                     # 按位或运算 0011|0001 = 0011,为十进制的 3
print('a | b=',c)
c = a ^ b;                     # 异或操作 0011^0001 = 0010,为十进制的 2
print('a ^ b=',c)
c = ~a;                        # 对数据的每个二进制位取反,即把 1 变为 0,把 0 变为 1 。~x 类似于
                               #   -x-1,即 -3-1=-4
print('~a=',c)
c = a << 2;                    # 左移位操作,0011 左移两位为 1100,十进制表示为 12
print('a << 2=',c)
c = a >> 2;                    # 右移位操作,0011 右移两位为 0000,十进制表示为 0
print('a >> 2=',c)
```

程序运行结果为:

```
a & b= 1
a | b= 3
a ^ b= 2
~a= -4
a << 2= 12
a >> 2= 0
```

2.3.5 逻辑运算符

在 Python 中,逻辑运算符的符号有 and、or 和 not,and 是逻辑与运算,or 是逻辑或运算,not 是取非运算。逻辑运算符的相关解释见表 2-3-5。

表 2-3-5   逻辑运算符的相关解释

运算符	说明
a and b	当 a 和 b 两个表达式都为真时,a and b 的结果才为真,否则为假
a or b	当 a 和 b 两个表达式都为假时,a or b 的结果才为假,否则为真
not a	如果 a 为真,那么 not a 的结果为假;如果 a 为假,那么 not a 的结果为真。相当于对 a 取反

示例代码如下:

```
# - * - coding：utf-8 - * -
print(True and False)
print(True and True)
print(True or False)
print(not False)
```

程序运行结果为：

False

True

True

True

2.3.6 成员运算符

Python 中成员运算符用于判断该值是不是序列中的成员，如果是，返回 True，否则返回 False。成员运算符有两个：in、not in。成员运算符的相关解释见表 2-3-6。

表 2-3-6   成员运算符的相关解释

运算符	说明
in	判断该值是不是序列中的成员，如果是，返回 True，否则返回 False
not in	判断该值是不是序列中的成员，如果不是，返回 True，否则返回 False

示例代码如下：

```
# - * - coding：utf-8 - * -
str='hello'
print('h' in str)
print('a' in str)
print('c' not in str)
print('o' not in str)
```

程序运行结果为：

True

False

True

False

2.3.7 身份运算符

Python 中身份运算符用来比较内存地址是否相同，包括两个：is、not is。身份运算符的相关解释见表 2-3-7。

表 2-3-7   身份运算符的相关解释

运算符	说明
is	如果两侧对象地址相同，则返回 True，否则返回 False
is not	如果两侧对象地址不同，则返回 True，否则返回 False

示例代码如下：

```
# - * - coding：utf-8 - * -
a = 1
b = 1
```

```
c = 1.0
print(id(a), id(b), id(c))                    # id()函数返回对象的唯一标识符
print('a == b:', a == b, 'a == c', a == c)      # ==比较的是值是否相同
print('a is b:', a is b)
print('a is c:', a is c)
print('a is not b:', a is not b)
print('a is not c:', a is not c)
```

程序运行结果为：

4424554848 4424554848 4464949264
a == b：True a == c：True
a is b：True
a is c：False
a is not b：False
a is not c：True

2.3.8　运算符优先级

Python 运算符的运算规则是：先执行优先级高的运算符，后执行优先级低的运算符，同一优先级的操作按照从左到右的顺序进行。从最高优先级到最低优先级的所有运算符，见表 2-3-8。

表 2-3-8　　　　　　　　　　　　运算符优先级比较

优先级	运算符	说明
1	**	指数(次幂)运算
2	~,+,-	补码,一元加减
3	*,/,%,//	乘法,除法,取余和整除
4	+,-	算数运算符
5	>>,<<	向右和向左移位
6	&	按位与
7	^	按位异或
8	<=,<,>,>=	比较运算符
9	==,!=	等于运算符
10	=,%=,/=,//=,+=,-=,*=,**=	赋值运算符
11	is,is not	身份运算符
12	in,not in	成员运算符
13	not,and,or	逻辑运算符

通过对运算符规则的讲解，相信大家明白不以规矩，不成方圆，同学们应明白"国有国法、家有家规"，做任何事都要有一定的规矩、规则、做法，否则无法成功。从整个国家来说，必须依法治国，推进法治建设，才能更好地构建社会主义和谐社会。中国共产党是有严明纪律和规矩的党，严明的纪律和规矩是我党的优良传统和政治优势，党的十八大以来

党的纪律规矩更多、更丰富,也更完善,执行起来也更加严格,所以我们的党才能做到步调一致,中央一声令下,全党就能行动起来,像应对新冠疫情,充分体现严明纪律规矩是我们党的优秀特质。良好的纪律是一切行动的保证,有着良好纪律的集体在各方面的发展一般都优于一个纪律涣散的集体。从每个人的角度来说,必须严格要求自己,遵循行为规范准则,才能更好地塑造人生。在学习、生活中一定要按规矩行事,自觉遵守集体纪律,维护集体荣誉。

任务实现

根据任务分析和该任务所讲知识点,任务的具体实现步骤如下:

1. 通过 input() 函数输入华氏温度。

2. 使用华氏温度换算为摄氏温度的公式为 C=(F-32)*5/9 进行转换。

3. 输出转化后摄氏温度。

参考代码如任务实现代码 2-3-1 所示。

任务实现代码 2-3-1:

```
# - * - coding：utf-8 - * -
F＝input('请输入华氏温度：')
C＝(float(F)-32)*5/9
print('对应的摄氏温度：',C)
```

程序运行结果为:

请输入华氏温度:68

对应的摄氏温度:20.0

运算符的分类及
用法任务实现

技能拓展

Python 中一共有 7 种类型运算符,分别是算术运算符、比较运算符、赋值运算符、位运算符、逻辑运算符、成员运算符和身份运算符。一个表达式可以包含一个或多个运算符,这时必须严格遵守运算符的优先级进行运算。

任务 2.4 联系人列表管理

联系人列表管理

任务分析

本任务要求掌握列表的概念,熟练掌握如何创建列表、访问列表元素,同时掌握列表添加元素、删除元素、修改元素和查找元素,运用列表相关知识点完成联系人列表管理。

相关知识点

2.4.1 列表定义

列表(List)是一种有序的集合,是 Python 中最基本的数据结构,和 Java 等其他语言中的数组类似,但是功能比数组更强大。列表可以存放很多不同类型的数据:整型数字,浮点型,字符串以及对象等。

列表与元素的关系类似于个体与集体的关系。在班级中每个学生都是班集体的一分子,只有每个人都努力发光发热,班集体才会像个小宇宙,才会爆发出大能量。一个集体的成功,离不开许多人奉献。个人必须做到与班集体同进退,共荣辱,这样才是个成功的班集体。

2.4.2 列表的创建

在 Python 中创建列表有两种方式,第一种通过[ ]进行创建,第二种通过 list( )函数创建。

使用[ ]直接创建列表格式:列表名=[列表选项 1,列表选项 2,...,列表选项 n],列表选项可以是不同类型的。示例代码如下:

```
# - * - coding: utf-8 - * -
list1=[1,"hello",2,"C 语言"]
print(list1)
print(type(list1))
list2=[]
print(list2)                # 创建一个空列表
```

程序运行结果为:

```
[1, 'hello', 2, 'C 语言']
<class 'list'>
[]
```

使用 list( )函数创建列表格式:列表名=list(列表选项 1,列表选项 2,...,列表选项 n),该方式使用 list( )函数将其他数据类型转换为列表类型。示例代码如下:

```
# - * - coding: utf-8 - * -
# 将字符串转换成列表
list1 = list("hello")
print(list1)
# 创建空列表
print(list())
```

程序运行结果为:

```
['h', 'e', 'l', 'l', 'o']
[]
```

2.4.3 访问列表中的元素

可以使用索引(Index)访问列表中的某个元素,也可以使用切片访问列表中的一组元素。列表中每个元素都有属于自己的编号(索引)。从起始元素开始,索引值从 0 开始递增。Python 还支持索引值是负数,此类索引是从右向左计数,换句话说,从最后一个元素开始计数,从索引值−1 开始。

使用索引访问元素格式:列表名[索引]。示例代码如下:

```
# - * - coding：utf-8 - * -
# 使用索引访问列表中的某个元素
list1=['积','极','向','上']
print(list1[2])          # 使用正数索引
print(list1[-3])         # 使用负数索引
```

程序运行结果为:

```
向
极
```

使用切片访问元素的格式:列表名[起始索引:结束索引:步长]。示例代码如下:

```
# - * - coding：utf-8 - * -
list1=['a','s','d','f','g','h']
print(list1[2:5])        # 使用正数切片,截取索引为 2,3,4 的元素,默认步长为 1
print(list1[:3])         # 截取索引为 0~2 的元素,起始索引默认为 0
print(list1[3:])         # 截取索引为 3~5 的元素,结束索引默认为最后一个元素
print(list1[1:6:2])      # 使用正数切片,截取索引为 1~5 的元素,步长为 2
print(list1[-3:-1])      # 使用负数切片
print(list1[::-1])       # 步长如果是负数,即从右向左提取元素
```

程序运行结果为:

```
['d', 'f', 'g']
['a', 's', 'd']
['f', 'g', 'h']
['s', 'f', 'h']
['f', 'g']
['h', 'g', 'f', 'd', 's', 'a']
```

2.4.4 遍历列表

遍历列表中所有元素是常见的一种操作,可以完成查询、处理等功能。在 Python 中遍历列表的方法是通过 for 循环实现的。语法格式如下:

```
for item in listname：
    # 输出 item
```

其中 item 用于保存获取的元素值;listname 为列表名称。示例代码如下:

```
# - * - coding：utf-8 - * -
tuple1=['Python','Java','C']
# 使用 for 循环遍历列表
for item in tuple1：
    print(item)
```

程序运行结果为:

```
Python
Java
C
```

2.4.5 修改元素

修改单个元素直接通过赋值符号＝进行。示例代码如下：

```
# - * - coding：utf-8 - * -
list2 = [10，56，34，2，56，44，7]
list2[2]＝100            # 将索引为 2 的元素值修改为 100
print(list2)
```

程序运行结果为：

```
[10，56，100，2，56，44，7]
```

修改多个元素时可以通过切片方式进行，语法格式：列表名[开始索引：结束索引：步长]。示例代码如下：

```
# - * - coding：utf-8 - * -
list1 = [10，56，34，2，56，44，7]
# 修改第 1～4 个元素的值(不包括第 4 个元素)
list1[1：4：1] = [45，−56，98]
print(list1)
```

程序运行结果为：

```
[10，45，−56，98，56，44，7]
```

2.4.6 添加元素

向 Python 列表添加元素主要有三种方法：append()、extend()、insert()。

append()用于在列表的末尾追加元素，语法格式：列表名.append(添加到列表末尾的数据)，添加的数据可以是单个元素，也可以是列表、字典、元组、集合、字符串等，append()方法将列表和元组视为一个整体，作为一个元素添加到列表中，从而形成包含列表和元组的新列表。示例代码如下：

```
# - * - coding：utf-8 - * -
# 向列表添加元素
list1＝['a'，'b'，'c']
list1. append('d')
print(list1)
# 向列表添加列表
list1. append(['e'，'f'])
print(list1)
```

程序运行结果为：

```
['a'，'b'，'c'，'d']
['a'，'b'，'c'，'d'，['e'，'f']]
```

extend()添加元素，可以在列表的末尾一次添加多个元素，当添加的是元组或者列表时，把它们包含的元素逐个添加到列表中。示例代码如下：

```
# - * - coding：utf-8 - * -
# 列表添加元素
list1 = ['a', 'b', 'c']
list1. extend('d')
print(list1)
# 列表添加列表
list2 = ['h', 'e', 'l', 'l', 'o']
list2. extend(['w', 'o', 'r', 'l', 'd'])
print(list2)
```

程序运行结果为：

```
['a', 'b', 'c', 'd']
['h', 'e', 'l', 'l', 'o', 'w', 'o', 'r', 'l', 'd']
```

insert()主要是在列表的特定位置添加想要添加的特定元素,语法格式:列表名. insert(index , obj),index 表示指定位置的索引值。insert() 会将 obj 插入 listname 列表第 index 个元素的位置。示例代码如下：

```
# - * - coding：utf-8 - * -
l = ['Python', 'C', 'Java']
# 插入元素
l. insert(1, 'C++')         # 在索引为 1 处插入 C++
print(l)
```

程序运行结果为：

```
['Python', 'C++', 'C', 'Java']
```

2.4.7 删除元素

在 Python 中删除列表中元素主要有三种方法:remove(),pop(),del。

remove()方法是移除掉列表里面的特定元素,但只会删除第一个和指定值相同的元素,而且必须保证该元素是存在的,否则会引发 ValueError 错误。语法格式:列表名. remove(删除的值)。示例代码如下：

```
# - * - coding：utf-8 - * -
list1 = ['a', 'b', 'c', 'a']
list1. remove('a')          # 删除列表中第一个值为 a 的元素
print(list1)
list1. remove('d')          # 引发 ValueError 错误
print(list1)
```

程序运行结果如图 2-4-1 所示。

pop()方法用来删除列表中指定索引处的元素,语法格式:列名. pop(index),若没有具体的索引值,默认会删除列表中的最后一个元素。示例代码如下：

```
# - * - coding：utf-8 - * -
nums = [10, 56, 34, 2, 56, 44, 7]
```

```
['b', 'c', 'a']
-----------------------------------------------------------------
ValueError                                Traceback (most recent call last)
<ipython-input-29-4a323a324354> in <module>
      2 list1.remove('a')#删除列表中第一个值为a的元素
      3 print(list1)
----> 4 list1.remove('d')
      5 print(list1)

ValueError: list.remove(x): x not in list
```

图 2-4-1 移除掉列表中不存在的元素引发 ValueError 错误

nums. pop(3)　　　　　　　# 删除索引为 3 的元素

print(nums)

nums. pop()　　　　　　　# 删除最后一个元素

print(nums)

程序运行结果为：

［10，56，34，56，44，7］

［10，56，34，56，44］

del 可以用来删除列表中单个元素或者一段连续的元素。删除单个元素语法格式：del 列表名［索引］。删除一段连续的元素语法格式：del 列表名［开始索引：结束索引］，del 会删除从开始索引到结束索引之间的元素，不包括结束索引的元素。示例代码如下：

- * - coding: utf-8 - * -

list1＝［'a'，'b'，'c'，'a'］

del list1［1］　　　　　　　# 删除索引为 1 的元素

print(list1)

list2 = ［10，56，34，2，56，44，7］

del list2［1:4］　　　　　　　# 删除索引为 1～3 的元素

print(list2)

程序运行结果为：

［'a'，'c'，'a'］

［10，56，44，7］

若将列表中所有元素全部删除，可使用列表的 clear()方法。示例代码如下：

- * - coding: utf-8 - * -

list1＝［'a'，'b'，'c'，'a'］

list1. clear()　　　　　　　# 清空列表

print(list1)

程序运行结果为：

［］

2.4.8　查找元素

Python 中提供了两个方法用来查找元素，分别是 index()和 count()方法。

index()方法查找列表中第一次出现元素 value 的位置。语法格式为列表名. index［要查找的元素，索引起始位置，索引结束位置］。示例代码如下：

```
# -*- coding: utf-8 -*-
ls = [1,"a",3,"b",3,4,"b",4]
print(ls.index("b"))           # 返回列表 ls 中"b"第一次出现的位置
print(ls.index("b",4))         # 索引的起始位置为下标为 4 的元素,索引范围为 3, 4, 'b', 4
print(ls.index("b",4,7))       # 索引的起始位置为下标为 4 的元素,结束位置为下标为 7 的元素,
                                 索引范围为 3, 4, 'b', 4
print(ls.index(3))
print(ls.index(0))             # 列表 ls 无 0,报错
```

程序运行结果如图 2-4-2 所示。

```
3
6
6
2

---------------------------------------------------------------------------
ValueError                                Traceback (most recent call last)
<ipython-input-1-74e6692cd8d8> in <module>
      4 print(ls.index("b",4,7)) #索引的起始位置为下标为4的元素,结束位置为下标为7的元素。索引范围 3, 5, 'a', 5
      5 print(ls.index(3))
----> 6 print(ls.index(0)) #列表ls无0, 报错

ValueError: 0 is not in list
```

图 2-4-2 查找列表中第一次出现元素 value 的位置

count()方法用来统计某个元素在列表中出现的次数,语法格式:列表名. list(统计的value 元素)。示例代码如下:

```
# -*- coding: utf-8 -*-
ls = [10,22,3,5,4,51,5,53,5,"python"]
print(ls.count(5))             # 统计列表 ls 中 5 出现的次数
print(ls.count(0))             # 列表 ls 中无 0 元素
print(ls.count("python"))      # 统计列表 ls 中 "python" 出现的次数
```

程序运行结果为:

```
3
0
1
```

2.4.9 元素排序

sort()方法用于对原列表中的元素进行排序,排序后原列表的元素顺序将发生改变。

语法格式: ls. sort(key=None, reverse=False)

key——值为一个函数,该函数只有一个返回值,用来指定可迭代对象中的一个元素来进行排序。

reverse——排序规则,即排序是否反转。默认为 False 不反转(升序),True 则反转(降序)。示例代码如下:

```
# -*- coding: utf-8 -*-
ls1=[1,3,44,23,99,56]
ls1.sort()                     # 升序排列
print(ls1)
```

```
ls1. sort(reverse＝True)      # 降序排列
print(ls1)
```

程序运行结果为：

```
[1, 3, 23, 44, 56, 99]
[99, 56, 44, 23, 3, 1]
```

列表中元素的排序就像人生的顺序一样，一生中会经历很多，人生应该是先努力才会有收获，先奉献才会有回报，奉献是一种可贵的精神，只有我们先去奉献，别人才会有可能来回报我们的付出。

任务实现

根据任务分析和该任务所讲知识点，任务的具体实现步骤如下：

1.创建两个空列表，用于存储姓名和电话。

2.向列表中添加两名联系人信息。

3.输出两名联系人信息。

4.修改联系人信息。

5.使用 clear()清空通信录。

联系人列表管理任务实现

参考代码如任务实现代码 2-4-1 所示。

任务实现代码 2-4-1：

```
# - * - coding：utf-8 - * -
# 创建空列表,用于存储姓名和电话
name_list＝[]
phone_list＝[]
# 添加两名联系人信息
name_list. append(input('请输入第一名联系人姓名：'))
phone_list. append(input('请输入第一名联系人手机号：'))
name_list. append(input('请输入第二名联系人姓名：'))
phone_list. append(input('请输入第二名联系人手机号：'))
print(name_list)
print(phone_list)
# 修改联系人信息
num＝input('请输入您要修改的联系人的序号：')
name_list[int(num)－1]＝input('请输入修改后的姓名：')
phone_list[int(num)－1]＝input('请输入修改后的手机号：')
print(name_list)
print(phone_list)
# 清空通信录
name_list. clear()
phone_list. clear()
print(name_list)
print(phone_list)
```

程序运行结果为：

请输入第一名联系人姓名：张三

请输入第一名联系人手机号：12345678912

请输入第二名联系人姓名：李四

请输入第二名联系人手机号：98765432101

['张三','李四']

['12345678912','98765432101']

请输入您要修改的联系人的序号：1

请输入修改后的姓名：王五

请输入修改后的手机号：11111111111

['王五','李四']

['11111111111','98765432101']

[]

[]

技能拓展

根据使用切片方式提取元素时可以实现序列反转，字符串反转，具体格式为：列表名 [∷−1]。在 Python 中列表操作还包括了最大值、最小值、拷贝、倒序等操作，大家可根据掌握情况进行实践学习。

任务 2.5　用元组实现联系人信息管理

微课

用元组实现
联系人信息管理

任务分析

本任务要求掌握元组的概念，了解元组的特点，熟练掌握如何创建元组以及元组相关操作，包括访问、修改、查找、删除、截取等，运用元组相关知识点实现联系人信息管理。

相关知识点

2.5.1　元组的概念与创建

元组（tuple）类型是 Python 中另一种重要的序列结构，与列表相似，元组也是由一系列按特定顺序排序的元素组成，同时元组是不可变的，一旦初始化就不可修改。本质是一种有序的组合。

元组的元素使用小括号（），创建元组语法格式：元组名 ＝（元组元素 1，元组元素 2，…，元组元素 n）。在 Python 中，元组通常都是使用一对小括号将所有元素包围起来的，但小括号不是必需的，只要将各元素用逗号隔开，Python 就会将其视为元组，当创建的元组中只有一个元素时，该元素后面必须加一个逗号"，"。示例代码如下：

```
# - * - coding：utf-8 - * -
# 创建空元组
```

```
tuple1＝()
print(tuple1)
# 创建带有元素的元组,可以有元素类型
tuple2＝(1,"a",3,"hello")
print(tuple2)
# 创建只有一个元素的元组
tuple3＝(1,)
print(tuple3)
```

程序运行结果为:

```
()
(1, 'a', 3, 'hello')
(1,)
```

还可使用 tuple()方法创建元组,该方法主要是用来将其他数据类型转换为元组类型,语法格式:tuple(数据)。示例代码如下:

```
# - * - coding:utf-8 - * -
# 将字符串转换成元组
tuple1 = tuple("hello,world")
print(tuple1)
# 将列表转换成元组
list1 = ['Python', 'Java', 'C++', 'C']
tuple2 = tuple(list1)
print(tuple2)
```

程序运行结果为:

```
('h', 'e', 'l', 'l', 'o', ',', 'w', 'o', 'r', 'l', 'd')
('Python', 'Java', 'C++', 'C')
```

2.5.2　访问元组元素

元组中访问元素的方式和列表一样,通过索引进行访问,具体格式为:元组名[索引],索引可以为正数,也可以是负数。正数时索引从 0 开始,负数时倒数从－1 开始。

同时还使用切片访问元组中的一组元素,语法格式:元组名[开始索引:结束索引:步长],从开始索引开始截取,截止到结束索引之前。示例代码如下:

```
# - * - coding:utf-8 - * -
tuple1 = ('h', 'e', 'l', 'l', 'o')
# 使用索引访问元组中的某个元素
print(tuple1[1])          # 使用正数索引,从 0 开始
print(tuple1[－1])         # 使用负数索引,倒序从－1 开始
# 使用切片访问元组中的一组元素
print(tuple1[1:4])        # 使用正数切片
print(tuple1[1:4:2])      # 指定步长
print(tuple1[－5:－1])     # 使用负数切片
```

程序运行结果为：

```
e
o
('e', 'l', 'l')
('e', 'l')
('h', 'e', 'l', 'l')
```

2.5.3 修改元组

元组是不可变序列，所以元组中的单个元素值是不允许修改的，但可以对元组进行连接组合，需注意的是连接的内容必须都是元组。示例代码如下：

```
# -*- coding: utf-8 -*-
tuple1 = (12,34,56)
tuple2 = ('abc','mn')
tuple1[0] = 100                # 修改元组元素操作是非法的
# 创建一个新的元组
tuple3 = tuple1 + tuple2
print (tuple3)
```

程序运行结果如图 2-5-1 所示。

```
---------------------------------------------------------------------------
TypeError                                 Traceback (most recent call last)
<ipython-input-9-191536c82ca4> in <module>
      1 tuple1 = (12,34,56)
      2 tuple2 = ('abc','mn')
----> 3 tuple1[0] = 100# 修改元组元素操作是非法的。
      4 # 创建一个新的元组
      5 tuple3 = tuple1 + tuple2

TypeError: 'tuple' object does not support item assignment
```

图 2-5-1 非法修改元组元素

2.5.4 删除元组

元组中元素一旦创建就不可更改，但可以删除整个元组，通过 del 关键字进行实现。语法格式:del 元组名。示例代码如下：

```
# -*- coding: utf-8 -*-
tuple1 = (1,2,3,[4,5,6])
print(tuple1)
del tuple1                # 删除元组
print(tuple1)
```

程序运行结果如图 2-5-2 所示。

```
(1, 2, 3, [4, 5, 6])

---------------------------------------------------------------------------
NameError                                 Traceback (most recent call last)
<ipython-input-11-b82620523227> in <module>
      2 print(tuple1)
      3 del tuple1#删除元组
----> 4 print(tuple1)

NameError: name 'tuple1' is not defined
```

图 2-5-2 删除元组

2.5.5 内置函数

Python 元组包含了以下内置函数,见表 2-5-1。

表 2-5-1   Python 内置函数

函数名	功能
cmp(tuple1,tuple2)	比较两个元组元素
len(tuple)	计算元组元素个数
max(tuple)	返回元组中元素最大值
min(tuple)	返回元组中元素最小值
tuple(seq)	将列表转换为元组

任务实现

根据任务分析和该任务所讲知识点,任务的具体实现步骤如下:

1. 使用 input()函数输入联系人姓名、电话、邮件、地址。

2. 定义元组 tuple1 存储上述信息。

3. 输出 tuple1,查看联系人信息。

参考代码如任务实现代码 2-5-1 所示。

用元组实现联系人
信息管理任务实现

任务实现代码 2-5-1:

```
# - * - coding:utf-8 - * -
name = input("请输入添加的联系人姓名:")
telephone = input("请输入 11 位电话号码:")
email = input("请输入邮件:")
address = input("请输入地址:")
tuple1 = ("姓名:",name,"电话:",telephone,"邮箱:",email,"地址:",address)
print(tuple1)
```

程序运行结果为:

请输入添加的联系人姓名:张三

请输入 11 位电话号码:1368888888888

请输入邮件:w@python.om

请输入地址:贵州省贵阳市

('姓名:','张三','电话:','1368888888888','邮箱:','w@python.om','地址:','贵州省贵阳市')

技能拓展

元组和列表(list)的不同之处在于:列表的元素是可以更改的,包括修改元素值、删除和插入元素,所以列表是可变序列;而元组一旦被创建,它的元素就不可更改了,所以元组是不可变序列。元组中元素不可以修改,但是元组中列表元素是可以修改的。示例代码如下:

```
# - * - coding：utf-8 - * -
tuple1＝(1,2,3,[4,5,6])
tuple1[3][1]＝100
print(tuple1)
```
程序运行结果为：

(1, 2, 3, [4, 100, 6])

微课

用字典实现
联系人信息关联

任务 2.6　用字典实现联系人信息关联

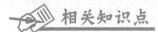 **任务分析**

本任务要求掌握字典的概念,了解字典的特性,熟练掌握如何创建字典以及元组相关操作,包括访问、添加、查找、删除等,运用字典相关知识点实现联系人信息关联。

相关知识点

2.6.1　字典的定义

字典(dict)是一种无序的、可变的序列。字典是通过名字来引用值的数据结构,并且把这种数据结构称为映射。字典类型是 Python 中唯一的映射类型,字典中的值没有特殊的顺序,都存储在一个特定的键(key)下,键可以是数字、字符串甚至元组。

字典由多个键和其对应的值构成的键-值对组成,键(key)为各元素对应的索引,值(value)为各个键对应的元素,键及其关联的值称为"键值对"。字典具有极快的查找速度。

在字典中键(key)是唯一的,不可重复的,若同一个键出现多次,则只会保留最后一个键值对。并且字典中的 key 必须是不可变的对象,只能是数字、字符串或者元组,因列表可变,不可作为 key。例如保存多名学生的姓名和期末成绩,可使用字典,其中姓名为key,期末成绩为 value。

2.6.2　字典的创建

创建字典的方式主要有两种:一种是通过{}创建,另一种是通过 dict()方法创建。

使用{}创建字典语法格式:字典名 ＝ {'key1'：value1, 'key2'：value2, ..., 'keyn'：valuen},在创建字典时,键和值之间使用冒号:分隔,相邻元素之间使用逗号分隔,所有元素放在大括号{}中。示例代码如下：

```
# - * - coding：utf-8 - * -
# 使用字符串作为 key
dict1 ＝{'数学'：95, '英语'：92, '语文'：84}
print(dict1)
# 使用元组和数字作为 key
```

```
dict2 = {(20,30):'great',30:[1,2,3]}
print(dict2)
# 创建空字典
dict3 = {}
print(dict3)
```

程序运行结果为：

{'数学':95,'英语':92,'语文':84}

{(20,30):'great',30:[1,2,3]}

{}

用 dict()方法通过关键字的参数来创建字典格式：

字典名 = dict(str1=value1，str2=value2，str3=value3)，str 表示字符串类型的键，value 表示键对应的值。使用此方式创建字典时，字符串不能带引号。示例代码如下：

```
# - * - coding: utf-8 - * -
dict1=dict(数学=95,英语=92,语文=84)
print(dict1)
```

程序运行结果为：

{'数学':95,'英语':92,'语文':84}

2.6.3 字典元素的访问

在 Python 中，字典元素的访问方式与列表和元组不同，不是通过索引来访问，而是通过键来访问对应的值，语法格式：字典名[key]。示例代码如下：

```
# - * - coding: utf-8 - * -
dict1 = {'数学':95,'英语':92,'语文':84}
print(dict1['数学'])       # 键存在
print(dict1['Python'])     # 键不存在
```

程序运行结果如图 2-6-1 所示。

```
95

------------------------------------------------------------------------
KeyError                                Traceback (most recent call last)
<ipython-input-5-5c6a73e9ac46> in <module>
      1 dict1 = {'数学': 95, '英语': 92, '语文': 84}
      2 print(dict1['数学']) #键存在
----> 3 print(dict1['Python']) #键不存在

KeyError: 'Python'
```

图 2-6-1 访问字典元素

除了通过键访问，Python 还提供了 get()方法来获取指定键对应的值，语法格式：字典名.get(key,[default])，default 用于指定要查询的键不存在时，此方法返回的默认值，如果不手动指定，会返回 None。示例代码如下：

```
# - * - coding: utf-8 - * -
dict1 = {'数学':95,'英语':92,'语文':84}
print(dict1.get('英语'))       # 键存在
print(dict1.get('Python'))     # 键不存在，返回 None
```

```
print(dict1.get('Python','该键不存在'))        # 键不存在
```

程序运行结果为：

92

None

该键不存在

2.6.4 字典添加键值对

字典中添加新的键值对语法格式:字典名称[新键] = 值。示例代码如下:

```
# - * - coding：utf-8 - * -
dict1 ={'数学'：95,'英语'：92,'语文'：84}
dict1['Python']=99
print(dict1)
```

程序运行结果为：

{'数学'：95,'英语'：92,'语文'：84,'Python'：99}

2.6.5 字典修改键值对

字典中各元素的键是唯一的,不可更改,只可更改键对应的值。如果新添加元素的键与已存在元素的键相同,那么键所对应的值就会被修改。示例代码如下:

```
# - * - coding：utf-8 - * -
dict1 ={'数学'：95,'英语'：92,'语文'：84,'Python'：99}
dict1['语文']=100
print(dict1)
```

程序运行结果为：

{'数学'：95,'英语'：92,'语文'：100,'Python'：99}

2.6.6 字典删除键值对

在字典中删除特定的键值对,可以使用关键字 del 完成,也可以使用 pop()方法完成。示例代码如下:

```
# - * - coding：utf-8 - * -
dict1 ={'数学'：95,'英语'：92,'语文'：84,'Python'：99}
del dict1['语文']
print(dict1)
dict1.pop('数学')
print(dict1)
```

程序运行结果为：

{'数学'：95,'英语'：92,'Python'：99}

{'英语'：92,'Python'：99}

任务实现

根据任务分析和该任务所讲知识点,任务的具体实现步骤如下:

1.创建空的联系人字典,命名为 contacts_dict。

2.通过键盘录入一名联系人信息,信息包括姓名、电话号码、邮件、地址信息。

3.使用 print()函数查看联系人信息。

4.输入姓名搜索通信录。

参考代码如任务实现代码 2-6-1 所示。

任务实现代码 2-6-1:

```
# - * - coding：utf-8 - * -
contacts_dict = {}          # 创建空的联系人字典,字典以键值对的形式存储信息
name = input("请输入添加的联系人姓名:")
telephone = input("请输入 11 位电话号码:")
email = input("请输入邮件:")
address = input("请输入地址:")
info = {"tele": telephone, "email": email, "add": address}
contacts_dict[name] = info
print("通信录中的联系人信息为",contacts_dict)
name_1 = input("请输入要搜索的联系人姓名:")
print(contacts_dict[name_1])
```

微课

用字典实现联系人
信息关联任务实现

程序运行结果为:

请输入添加的联系人姓名:张三

请输入 11 位电话号码:1368888888888

请输入邮件:w@python.com

请输入地址:贵州省贵阳市

通信录中的联系人信息为{'张三':{'tele':'13688888888888','email':'w@python.com','add':'贵州省贵阳市'}}

请输入要搜索的联系人姓名:张三

{'tele':'13688888888888','email':'w@python.com','add':'贵州省贵阳市'}

技能拓展

在使用 dict()方法时,可以传入列表和元组,具体格式见表 2-6-1。

表 2-6-1　　　　　　　　dict()方法传入列表和元组

1	dict1 = dict([('two',2),('one',1),('three',3)])
2	dict1 = dict([['two',2],['one',1],['three',3]])
3	dict1 = dict((('two',2),('one',1),('three',3)))
4	dict1 = dict((['two',2],['one',1],['three',3]))

字典和列表的区别:字典的键可以是任意的不可变类型。成员资格查找时查找的是键而不是值。即使键起初不存在也可以为它直接赋值,字典会自动添加新的项。

微课

通信录合并

任务 2.7 通信录合并

任务分析

本任务要求掌握集合的概念,熟练掌握集合的创建以及集合的常见操作,包括集合的添加、删除、交集、并集、差集等。运用集合相关知识点实现通信录合并。

相关知识点

2.7.1 集合的创建

在 Python 中创建集合的方式有两种:第一种是使用{}直接创建,第二种是使用 set()函数创建。直接使用{}创建语法格式:

setname ＝{element1,element2,...,element*n*},

其中,setname 表示集合的名称,大括号中为元素 1、元素 2、……、元素 *n*。需要注意的是若集合中有重复的元素,Python 会自动保留一个。示例代码如下:

```
# - * - coding: utf-8 - * -
set1＝{1,2,3,4,4,5,6,7}
set2＝{"Python","Java","C++"}
set3＝{1,2,("a",'b'),33}
print(set1)
print(set2)
print(set3)
```

程序运行结果为:

```
{1, 2, 3, 4, 5, 6, 7}
{'Java', 'Python', 'C++'}
{1, 2, 33, ('a', 'b')}
```

使用 set()函数创建,将字符串、列表、元组、range 对象等可迭代对象转换成集合。语法格式:setname ＝ set(iteration)。其中,setname 为集合名称,iteration 就表示字符串、列表、元组、range 对象等数据。在 Python 中推荐使用 set()函数创建集合。示例代码如下:

```
# - * - coding: utf-8 - * -
set1＝set('hello,world')
set2＝set([1,2,3,4,5,5,3,2])        # 重复的元素会只保留一个
set3＝set(("Python","Java","C++"))
print(set1)
print(set2)
print(set3)
```

程序运行结果为：

{',', 'd', 'l', 'w', 'r', 'o', 'e', 'h'}

{1, 2, 3, 4, 5}

{'Java', 'Python', 'C++'}

2.7.2 集合添加元素

在集合中添加元素可以通过 add() 方法进行实现。

语法格式：setname. add(element)

其中，setname 表示要添加元素的集合，element 表示要添加的元素内容。在向集合中添加元素时，只可以添加不可变对象，如字符串、数字、True、False 以及元组等，不可以添加列表、字典等可变对象。示例代码如下：

```
# - * - coding：utf-8 - * -
set1 = {1,2,3,4}
set1. add(('a', 'b'))
set1. add(5)
print(set1)
```

程序运行结果为：

{1, 2, 3, 4, 5, ('a', 'b')}

2.7.3 集合删除元素

删除现有 set 集合中的指定元素，可以使用 remove() 方法或者 pop() 方法。如果想清空整个集合，可以使用 clear() 方法。如果想删除整个集合，可以通过 del 命令实现。示例代码如下：

```
# - * - coding：utf-8 - * -
set1 = {1,2,3,4,5,6,7}
set1. remove(1)          # 使用 remove() 方法移除指定元素
print(set1)
set1. pop()              # 使用 pop() 方法移除一个元素
print(set1)
set1. clear()            # 使用 clear() 方法清空集合
print(set1)
```

程序运行结果为：

{2, 3, 4, 5, 6, 7}

{3, 4, 5, 6, 7}

set()

在通信录中可以进行删除操作，简化社交方式和生活圈，生活应删繁就简，只有简单的生活方式，才能感受到生活中真真切切的幸福。极简生活并不是指吃饭只吃一个菜，舍不得花钱等，而是放弃无效的事情，最大限度利用自己的时间和精力，做一些有用的事，从而获得更大的快乐和幸福。

2.7.4　集合的交集、并集、差集运算

集合中常用的操作是进行交集、并集、差集运算,其运算过程和数学中的交集、并集、差集运算类似。首先交集运算的符号是"&",交集运算是取两集合公共的元素。并集运算的符号是"|",并集运算是取两集合全部的元素。差集运算的符号是"-",差集运算是取一个集合中另一集合没有的元素。示例代码如下:

```
# -*- coding：utf-8 -*-
set1＝set([1,2,3])
set2＝set([2,3,4])
print(set1&set2)          # 进行交集运算
print(set1|set2)          # 进行并集运算
print(set1-set2)          # 进行差集运算
```

程序运行结果为:

{2，3}

{1，2，3，4}

{1}

任务实现

根据任务分析和该任务所讲知识点,任务的具体实现步骤如下:

1.创建空的联系人字典,命名为 contacts_dict,存储第一本通信录信息。

2.通过键盘录入第一本通信录中的联系人信息,信息包括姓名、电话号码、邮件、地址信息。

3.使用 print()函数查看联系人信息。

4.创建空的联系人字典,命名为 contacts_dict1,存储第二本通信录信息。

5.通过键盘录入第二本通信录中的联系人信息,信息包括姓名、电话号码、邮件、地址信息。

6.使用 print()函数查看联系人信息。

7.通过做集合并集运算将通信录合并。

参考代码如任务实现代码 2-7-1 所示。

任务实现代码 2-7-1:

```
# -*- coding：utf-8 -*-
contacts_dict = {}          # 创建空的联系人字典,字典以键值对的形式存储信息
name ＝input("请输入添加的联系人姓名:")
telephone ＝input("请输入 11 位电话号码:")
email ＝input("请输入邮件:")
address ＝input("请输入地址:")
info = {"telephone"：telephone，"email"：email，"add"：address}
contacts_dict[name] ＝ info
print("第一本通信录中的联系人信息为",contacts_dict)
```

通信录合并任务实现

```
contacts_dict1 = {}              # 创建空的联系人字典,字典以键值对的形式存储信息
name1 = input("请输入添加的联系人姓名:")
telephone1 = input("请输入 11 位电话号码:")
email1 = input("请输入邮件:")
address1 = input("请输入地址:")
info1 = {"telephone": telephone1, "email": email1, "add": address1}
contacts_dict1[name1] = info1
print("第二本通信录中的联系人信息为",contacts_dict1)
set1 = set(contacts_dict)
set2 = set(contacts_dict1)
print("通信录合并后的联系人有",set1|set2)
```

程序运行结果为:

请输入添加的联系人姓名:张三

请输入 11 位电话号码:1368888888888

请输入邮件:q@Python.com

请输入地址:贵州省贵阳市

第一本通信录中的联系人信息为{'张三':{'telephone':'1368888888888','email':'q@Python.com','add':'贵州省贵阳市'}}

请输入添加的联系人姓名:李四

请输入 11 位电话号码:1858888888888

请输入邮件:w@Java.com

请输入地址:贵州省清镇市

第二本通信录中的联系人信息为{'李四':{'telephone':'1368888888888','email':'q@Python.com','add':'贵州省贵阳市'}}

通信录合并后的联系人有 {'李四','张三'}

技能拓展

set 集合是可变序列,程序可以改变序列中的元素;frozenset 集合是不可变序列,程序不能改变序列中的元素。set 集合中所有能改变集合本身的方法,比如 remove()、discard()、add()等,frozenset 都不支持;set 集合中不改变集合本身的方法,frozenset 都支持。

项目小结

本项目通过编写通信录项目介绍了 Python 中的数据结构类型相关知识点。本项目主要包括 Python 中的字符串、列表、元组、字典、集合这几种基本的数据结构,列表、字典、集合等的创建,以及常见的增、删、改、查操作。

通过该项目相信大家已经可以通过使用 Python 完成简单通信录的编写,通信录作为人与人之间便捷沟通的重要方式,每个人都应该熟练掌握,把朋友、同学、家人的联系信息存储在通信录中,让我们沟通更方便。说起沟通,大家可能都不陌生,在现实的生活中,

不论是生活,还是工作;不管是亲情、友情;抑或是师生之间,邻里之间,都离不开沟通。人每天在社会中扮演着各种各样的角色,人与人之间的沟通交流是不可避免的,可能你并没有意识到沟通在我们日常生活中的重要作用,可是它却一直与我们的生活息息相关,所以说掌握好沟通技巧对我们日常生活中人际关系的改善大有帮助,会帮助我们在通往"成功、幸福、快乐"的道路上走得更顺畅。

习　题

一、选择题

1. 表达式 $16/4-2**5*8/4\%5//2$ 的值为(　　)。

A. 15　　　　　　　B. 5　　　　　　　C. 2.0　　　　　　D. 2

2. 与关系表达式 x==0 等价的表达式是(　　)。

A. x=0　　　　　　B. not x　　　　　C. x　　　　　　　D. x!＝1

3. Python 表达式中,可以控制运算优先顺序的是(　　)。

A. ()　　　　　　　B. []　　　　　　　C. {}　　　　　　　D. <>

4. 以下关于元组的描述正确的是(　　)。

A. 创建元组 tup:tup ＝ ()

B. 创建元组 tup:tup ＝ (50)

C. 元组中的元素允许被修改

D. 元组中的元素允许被删除

5. 下列说法错误的是(　　)。

A. 除字典类型外,所有标准对象均可用于布尔测试

B. 空字符串的布尔值是 False

C. 空列表对象的布尔值是 False

D. 值为 0 的任何数字对象的布尔值是 False

6. 以下关于字典描述错误的是(　　)。

A. 字典是一种可变容器,可存储任意类型对象

B. 每个键值对都用冒号(:)隔开,每个键值对之间用逗号(,)隔开

C. 键值对中,值必须唯一

D. 键值对中,键必须是不可变的

7. 以下不能创建字典的语句是(　　)。

A. dict1 ＝ {}

B. dict2 ＝ { 3 : 5 }

C. dict3 ＝ {[1,2,3]:"uestc"}

D. dict4 ＝ {(1,2,3):"uestc"}

8. 利用索引获取字典的值,给出以下代码的运行结果为(　　)。

```
d={"大海":"蓝色", "天空":"灰色", "大地":"黑色"}
print(d["大地"], d.get("大地","黄色"))
```

A. 黑色 黄色　　　　B. 黑色 黑色　　　　C. 黑色 蓝色　　　　D. 黑色 灰色

9. ls＝["abc","dd",[3,4]],若要获取第三个元素中的第一个值3,则应使用下列表达式(　　　)。

A. ls[3]　　　　　B. ls[3,1]　　　　C. ls[3][1]　　　　D. ls[2][0]

10. Python 中的数据结构可分为可变类型和不可变类型,下面属于不可变类型的是(　　　)。

A. 字典　　　　　B. 列表　　　　　C. 字典中键　　　　D. 集合(set 类型)

二、判断题

1. Python 集合中元素不允许重复。　　　　　　　　　　　　　　　　　(　　　)

2. Python 字典中的"键"可以是列表。　　　　　　　　　　　　　　　　(　　　)

3. Python 列表中所有元素必须为相同类型的数据。　　　　　　　　　　(　　　)

4. 假设 x 为列表对象,那么 x.pop()和 x.pop(−1)的作用是一样的。　　(　　　)

5. Python 支持使用字典的"键"作为下标来访问字典中的值。　　　　　(　　　)

6. set(x):可以用于生成集合,输入的参数可以是任何组合数据类型,返回结果是一个无重复且有序任意的集合。　　　　　　　　　　　　　　　　　　　　(　　　)

7. 元组可以作为字典的"键"。　　　　　　　　　　　　　　　　　　　(　　　)

8. 创建只包含一个元素的元组时,必须在元素后面加一个逗号,例如(2,)。　(　　　)

9. 已知 x ＝ (1, 2, 3, 4),那么执行 x[0] ＝ 5 之后,x 的值为(5, 2, 3, 4)。(　　　)

10. 对于列表而言,在尾部追加元素比在中间位置插入元素速度更快一些,尤其是对于包含大量元素的列表。　　　　　　　　　　　　　　　　　　　　　(　　　)

三、编程题

1. 利用 Python 中的方法和函数提取出给定列表[1,6,−7,8,6,0,−3]中的最大元素,并删除最小元素,同时将负数的负号去除。

2. 创建一个空列表,命名为 names,往里面添加 Lihua、Rain、Jack、Xiuxiu、Peiqi 和 Black 元素。然后往上述中的 names 列表里的 Black 前面插入一个 Blue。把 names 列表中 Xiuxiu 的名字改成中文。

项目 3

编写健康助手小程序

随着人民生活水平的不断提高,身体健康成为人们越来越关注的问题,计算身体质量指数的软件程序成为健康管理必要的软件。本项目将通过编写健康小助手的方式,学习Python 流程控制语句语法和应用,包括条件分支结构 if...elif...else 语句,两种循环控制语句:while 和 for 语句。流程控制语句既是编程语言的基础,也是编程语言学习的重点。掌握 Python 流程控制语句的基本语法和应用,是进阶机器学习、爬虫、自动化测试、Web 系统开发的必备知识。

● 学习目标

1. 掌握 if、else 和 elif 语句的基本结构和用法。
2. 掌握 for 和 while 循环控制语句的基本结构和用法。
3. 掌握循环语句中常用的 range()函数,break、continue、pass 语句用法。
4. 掌握嵌套循环、条件与循环的组合用法。
5. 掌握列表解析的创建方式。
6. 掌握多变量迭代用法。

任务 3.1 分析个人 BMI 指数

分析个人 BMI 指数

 任务分析

改革开放以来,中国取得了世界瞩目的发展成就,人民生活水平显著提高,越来越多人开始关注"身体质量",其中,肥胖程度最受关注。身体质量指数(BMI,Body Mass Index)是国际上常用的衡量人体肥胖程度和是否健康的重要标准,主要用于统计分析。肥胖程度的判断不能采用体重的绝对值,它天然与身高有关。因此,BMI 通过人体体重和身高两个数值获得相对客观的参数,并用这个参数所处范围衡量身体质量。体质指数适合所有从 18 至 65 岁的人士使用,儿童、发育中的青少年、孕妇、乳母、老人及肌肉发达者除外。BMI 的定义如下:

$$体质指数(BMI)=体重(kg)/身高(m)^2$$

例如,一个人身高 1.75 米、体重 75 公斤,他的 BMI 值为 $75/1.75^2=24.49$。BMI 值可以"客观地"衡量一个人的肥胖程度或者说健康程度。世界卫生组织(WHO)根据对全球人口体重的统计认为,BMI 值低于 $18.5 kg/m^2$ 时"过轻",表明个体可能营养不良或者

饮食无法保障;BMI 值高于 25 kg/m² 时"过重"。我国卫生部门也根据中国人体质给出了国内 BMI 参考值,修订过的 BMI 指标分类见表 3-1-1。

表 3-1-1   修订过的 BMI 指标分类

分类	国际 BMI 值/(kg·m^{-2})	国内 BMI 值/(kg·m^{-2})
偏瘦	<18.5	<18.5
正常	18.5~25	18.5~24
过重	25~30	24~28
肥胖	≥30	>=28

使用 Python 流程控制语句的 if、elif 和 else 语句编写一个根据体重和身高计算并输出 BMI 值的程序,要求同时输出国际和国内的 BMI 值。

通过任务描述分析,可通过以下步骤实现上述任务:

1. 定义体重和身高两个变量,将输入的体重和身高信息分别赋值给体重和身高变量。

2. 根据国际国内的 BMI 计算公式分别计算出国际国内的 BMI 具体值。

3. 根据国际国内的 BMI 指标,通过条件分支判断体质属于哪个分类。

4. 输出体质分类结果。

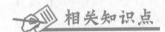 相关知识点

3.1.1　if 语句

在 Python 语言中,很多代码都是按顺序执行的,也就是执行完第 1 条语句后,继续执行第 2 条语句,直到最后一条语句,这称为顺序结构。但是顺序结构远不能满足程序开发的需要,如根据公式计算出来的 BMI 值输出对应的体质分类。这个时候就需要根据计算的 BMI 值所属的范围输出对应的体质分类。在 Python 语言中,可以使用 if 语句来检测当前的条件,并根据条件是否成立执行对应的代码,这种结构称为选择结构或者分支控制结构。Python 语言中的分支控制语句可以细分为三种形式,分别是 if 语句、if...else 语句和 if...elif...else 语句,if 条件控制语句语法格式如下:

if 表达式:

　　代码块

对语法格式的说明:

1. "表达式"可以是一个单一的值或者变量,也可以是由运算符组成的复杂语句,形式不限,只要它能得到一个值就行。不管"表达式"的结果是什么类型,if 语句都能判断它是否成立(True 或者 False)。

2. "代码块"是由具有相同缩进量的若干条语句组成的一块代码。Python 是一门非常独特的编程语言,它通过缩进来识别代码块,具有相同缩进量的若干行代码属于同一个代码块,所以不能胡乱缩进,这样很容易导致语法错误。

注意:if 条件后面需要使用冒号(:)来表示接下来满足条件时需要执行的代码块,Python 根据表达式值为 True 还是 False 来决定是否执行 if 语句中的代码,如果表达式

值为 True,则执行紧跟在 if 语句后面的代码,否则将忽略这些代码。

使用表达式是很自由的,只要表达式有一个结果,不管这个结果是什么类型,Python 都能判断它是"True"还是"False"。布尔型(bool)只有两个值,分别是 True 和 False,对于数字,Python 会把 0 和 0.0 当作"False",把其他值当作"True"。对于其他类型,如:None、""、()、[]、{}值作为表达式的时候,会直接返回 False。还可以由逻辑表达式或者比较运算符(如:<、==)组成更加复杂的表达式,返回值是 False 或者 True。

if 条件控制语句使用示例如下:

```
# - * - coding：utf-8 - * -
bmi = 22.5
# 检查变量 bmi 的值是否小于等于(<=)25,答案是肯定的,输出结果为 True
print(bmi<=25)
# 检查变量 bmi 的值是否小于 24 且大于等于 18.5,结果为 True,执行代码 print 语句
if 18.5 <= bmi < 24:
    print("正常")
```

3.1.2　elif、else 实现多路分支

在实际编程中,经常需要检查表达式的值,结果为 True 值执行一个操作,并在没有通过检查时执行另外一个操作,或者继续执行其他的表达式判断;在这种情况下,可以使用 Python 提供的多路分支控制语句 if…elif…else。if…elif…else 语句用来实现多路分支,多路分支中有且只有一个分支会被执行,它依次检查每个表达式的值是否为 True,直到遇到为 True 的条件判断时,执行紧跟在后面的代码,并跳过余下的条件判断。通过 elif 和 else 语句设置多路分支的一般格式如下:

```
if 表达式 1:
    代码块 1
elif 表达式 2:
    代码块 2
elif 表达式 3:
    代码块 3
else:
    代码块 4
```

每个 if、elif 和 else 后都要加冒号(:),elif 和 else 语句不能单独使用,需要使用缩进来划分代码块,相同缩进的代码在一起组成一个代码块。

代码说明:程序会先计算第 1 个表达式,如果结果为真,则执行第 1 个分支中的所有语句;如果为假,则计算第 2 个表达式,如果第 2 个表达式的结果为真,则执行第 2 个分支中的所有语句;如果结果仍然为假,则计算第 3 个表达式,如果第 3 个表达式的结果为真,则执行第 3 个分支中的所有语句;如果第 3 个表达式值也为假,将执行最后的 else 语句。如果只有两个分支,那么不需要 elif,直接写 else 即可。如果有更多的分支,则需要添加更多的 elif 语句。Python 中并不要求 if 语句后面一定要有 else 代码块,else 是一个包罗万象的语句,只要不满足任何 if 或者 elif 中的条件测试,其中的代码就会被执行,这可能

会引入无效甚至恶意的数据。Python 中没有 switch 和 case 语句,多路分支只能通过 if...elif...else 控制流语句来实现。

Python 中的分支控制语句与人生选择类似,不同的条件与选择,可能最终获得成就也会存在天壤之别。选择不对,努力白费,选择正确的道路,才能更好地实现自己的价值。在人生的选择中,不仅仅是一个方向、答案或者结果,而是人生的一个过程,其中的每一个选择可能都会影响一生的命运。努力,固然是好事,但是我们一定要告诉自己,要实现自己的梦想,一定要在正确的道路上去努力,去攀登。

多路分支示例代码如下:

```
# - * - coding: utf-8 - * -
height = float(input("输入身高(米):"))
weight = float(input("输入体重(千克):"))
bmi = weight / (height * height)        # 计算 BMI 指数
print('BMI 指数为', bmi)
# 检查变量 bmi 是否小于 18.5,如果为 True,打印"偏瘦",跳过余下判断
if bmi < 18.5:
    print("偏瘦")
# 执行变量范围测试,仅在前面检查未通过时才会运行到此,在这里知道第一个条件判断不通
# 过,该条件判断结果为 True,将执行下面的 print 输出"正常"
elif 18.5 <= bmi < 24:
    print("正常")
elif 24 <= bmi < 25:
    print("偏胖")
# 如果 if 检查和 elif 检查都未通过,将执行最后的 else 代码块中的代码
else:
    print("超胖")
```

程序运行结果为:

```
输入身高(米):1.71
输入体重(千克):65
BMI 指数为 22.229061933586404
正常
```

3.1.3 if 嵌套

在嵌套 if 语句中,可以把 if...elif...else 结构放在另外一个 if...elif...else 结构中,即 if、if...else 和 if...elif...else,这 3 种条件语句之间可以相互嵌套。例如,在最简单的 if 语句中嵌套 if...else 语句,结构如下:

```
if 表达式 1:
    if 表示式 2:
        代码块 1
else:
    代码块 2
```

再比如,在 if...else 语句中嵌套 if...else 语句,结构如下:

```
if 表示式 1:
    if 表达式 2:
        代码块 1
    else:
        代码块 2
else:
    if 表达式 3:
        代码块 3
    else:
        代码块 4
```

在 Python 中,if、if...else 和 if...elif...else 之间可以相互嵌套。因此,在开发程序时,需要根据场景需要,选择合适的嵌套方案。需要注意的是,在相互嵌套时,一定要严格遵守不同级别代码块的缩进规范。

if 嵌套语句示例代码如下:

```
# -*- coding: utf-8 -*-
bmi = 24.5
if bmi < 18.5:
    print("偏瘦")
elif 18.5 <= bmi < 25:
    # if 嵌套,将输出"偏胖"
    if bmi <= 24:
        print("正常")
    else:
        print("偏胖")
else:
    print("超胖")
```

任务实现

根据任务分析和上述介绍的知识点,本任务的具体实现步骤如下:

1. 利用 eval 函数和 input 函数设置输入语句,输入体重和身高信息。

2. 创建 height 和 weight 变量来存储输入的体重和身高信息。

3. 根据 BMI 计算公式计算个人的 BMI 值。

分析个人 BMI 指数
任务实现

4. 根据 if...elif...else 分支控制语句和 BMI 分类信息表定义的 BMI 值分别输出不同的体质分类。

5. 输出个人体质分类结果。

思路方法:难点在于同时输出国际和国内对应的分类。

思路 1:分别计算并给出国际和国内 BMI 分类。

思路 2:混合计算并给出国际和国内 BMI 分类,参考代码如任务实现代码 3-1 所示。

任务实现代码 3-1：

```
# - * - coding：utf-8 - * -
height，weight = eval(input("请输入身高（米）和体重\（公斤）［逗号隔开］："))
bmi = weight/pow(height,2)
print("BMI 数值为：{:.2f}".format(bmi))
who，nat = ""，""
if bmi < 18.5：
    who，nat = "偏瘦"，"偏瘦"
elif 18.5 <= bmi < 24：
    who，nat = "正常"，"正常"
elif 24 <= bmi <25：
    who，nat = "正常"，"偏胖"
elif 25 <= bmi <28：
    who，nat = "偏胖"，"偏胖"
elif 28 <= bmi <30：
    who，nat = "偏胖"，"肥胖"
else：
    who，nat = "肥胖"，"肥胖"
print("BMI 指标为：国际'{0}'，国内'{1}'".format(who，nat))
```

程序运行结果为：

请输入身高（米）和体重\（公斤）［逗号隔开］：1.62,60

BMI 数值为：22.86

BMI 指标为：国际'正常'，国内'正常'

注：eval()函数用来执行一个字符串表达式，并返回表达式的值，如 eval('2 + 2')返回 4。eval()函数的语法如下：

eval(expression[，globals[，locals]])

参数说明：

expression：表达式。

globals：变量作用域，全局命名空间，如果被提供，则必须是一个字典对象。

locals：变量作用域，局部命名空间，如果被提供，可以是任何映射对象。

pow(x,y)函数返回 x^y(x 的 y 次方)的值，如 pow(3,2)计算结果为 9。

任务 3.2　分析班级 BMI 指数

分析班级 BMI 指数

 **任务分析**

一般情况下，程序是按顺序一条一条语句地执行，如果要让程序重复地做一件事，就只能重复地写相同的代码，操作就会比较烦琐，为应对此问题，一个重要的方法——循环语句应运而生，可以轻易实现对一组数据进行循环操作。for 语句和 while 语句可以遍历任何序列的项目，如一个列表、一个字符串等。

上一任务中分析了个人的 BMI 指数信息,本任务将分析班级的 BMI 指数,输入计算班级 BMI 需要的信息,通过 for 循环和 while 循环的方式,分别计算班级人员的 BMI 指数信息。

通过如下的步骤可实现上述任务。

1. 生成班级学生的姓名、身高、体重列表信息。

2. 创建 name、weight 和 height 变量分别存储姓名、体重和身高信息。

3. 编写循环语句,遍历班级学生信息,分别计算个人的 BMI 值。

4. 根据 BMI 分类信息表定义的 BMI 范围值,使用 if...elif...else 分支控制语句根据不同的范围值执行不同的体质分类输出。

5. 输出班级中个人体质分类结果。

相关知识点

3.2.1 for 循环

Python 中的 for 语句接收可迭代对象,如序列和迭代器作为参数,每次循环可以调取其中一个元素,执行相同的操作。例如:在游戏中,可能需要将每个界面平移相同的距离;对于包含数字的列表,可能需要对每个元素执行相同的统计计算;在网站中,可能需要显示每个文章的标题。for 语句的语法格式为:

```
for 迭代变量 in 序列(如字符串|列表|元组|字典|集合):
    循环执行的代码块
```

上述格式中,迭代变量用于存放从序列类型变量中读取出来的元素,所以一般不会在循环中对迭代变量手动赋值;代码块由于和循环结构联用,因此代码块又称为循环体。for 循环语句的执行流程如图 3-2-1 所示。

1. for 循环遍历列表

下面代码使用 for 循环来打印班级学生名单列表中所有名字。

```
# -*- coding:utf-8 -*-
names = ["王玉梅","张勇","王杰","胡平","陈康"]
for name in names:
    print(name)
```

上述示例代码,首先定义一个列表 names,然后定义 for 循环,for 循环从列表 names 中取出一个名字,并将其存储到 name 迭代变量,带入循环体中。最后,通过 print 打印出 name 变量值。这样,对于列表中的所有名字,就可以通过重复执行相同代码的方式输出名单中的姓名,只不过例子中的循环体比较简单,只有一行输出语句,上述代码对应输出结果如下:

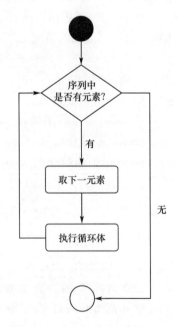

图 3-2-1 for 循环语句的执行流程

王玉梅

张勇

王杰

胡平

陈康

编写 for 循环时,对于存储列表中的每个值的迭代变量,可以指定任何名称,然而,选择描述单个列表元素的有意义的名称有很大的帮助。例如对于小猫、小狗列表和一般性列表,像下面这样编写 for 循环的第一行代码是不错的选择:

```
for cat in cats:
for dog in dogs:
for item in list_of_items:
```

这些命名约定有助于你明白 for 循环中将每个元素执行的操作。使用单数和复数式名称,可帮助你判断代码处理的是单个列表元素还是整个元素列表。

2. for 循环遍历字典

for 循环遍历字典时,经常会用到和字典相关的 3 个方法,即 items()、keys() 以及 values()。当然,如果使用 for 循环直接遍历字典,则迭代变量会被先后赋值为每个键值对中的键。下面代码将循环输出字典中的 value 值。

```
# -*- coding:utf-8 -*-
my_dic = {'王海':"32",'杨梅':"36",'龙云':"12"}
for ele in my_dic.keys():
    print(ele)
print("------------------")
for ele in my_dic:
    print(ele)
```

程序运行结果为:

王海

杨梅

龙云

王海

杨梅

龙云

从上述运行结果可知,直接遍历字典,和遍历字典 keys()方法的返回值是相同的。除此之外,还可以遍历字典 values()、items()方法的返回值。例如遍历字典的 items():

```
# -*- coding:utf-8 -*-
my_dic = {'王海':"32",'杨梅':"36",'龙云':"12"}
for ele in my_dic.items():    # 遍历字典的 items()值
    print(ele)
```

程序运行结果为:

('王海','32')

('杨梅','36')

('龙云','12')

遍历字典的 values()示例如下:

```
# - * - coding:utf-8 - * -
my_dic = {'王海':"32",'杨梅':"36",'龙云':"12"}
for ele in my_dic.values():
    print(ele)
```

程序运行结果为:

32

36

12

3.for 循环遍历元组

在 Python 中,for 循环遍历元组与序列差不多,下面程序使用 for 循环对元组进行了遍历。

```
# - * - coding:utf-8 - * -
my_tuple = ('王海','杨梅','龙云')
for value in my_tuple:
    print(value)
```

程序运行结果为:

王海

杨梅

龙云

4.for 循环遍历集合

在 Python 中,for 循环遍历集合与元组类似,只是把圆括号换成了大括号,下面程序使用 for 循环对集合进行了遍历。

```
# - * - coding:utf-8 - * -
my_tuple = {'王海','杨梅','龙云'}
for value in my_tuple:
    print(value)
```

程序运行结果为:

王海

杨梅

龙云

1951 年,毛主席题词"好好学习,天天向上",成为激励一代代中国人奋发图强的经典语录,可是在实际操作中难免会让人疑惑,"好好学习"究竟能好到什么程度呢?"天天向上"难道要全年 365 天完全无休?

1 年 365 天,能力值的基数记为 1,当好好学习 1 天时,能力值相比前 1 天提高 1%;当没有学习时,能力值相比前 1 天下降 1%。每天努力和每天放任,1 年下来的能力值相差多少呢？下面将使用 Python 中 for 循环知识点，计算具体的能力值，代码如下：

```
# -*- coding:utf-8 -*-
dayfactor = 0.01        # 每天进步或退步参数
dayup = 1.0             # 第一天能力值基数
daydown = 1.0           # 第一天能力值基数
for i in range(365):
    dayup *= 1 + dayfactor      # 每天比前 1 天进步 1%
    daydown *= 1 - dayfactor    # 每天比前 1 天退步 1%
print("按照一年 365 天计算，每天提升 1%，一年后能力值为：{:.2f}".format(dayup))
print("按照一年 365 天计算，每天退步 1%，一年后能力值为：{:.2f}".format(daydown))
```

程序运行结果为：

按照一年 365 天计算，每天提升 1%，一年后能力值为：37.78

按照一年 365 天计算，每天退步 1%，一年后能力值为：0.03

通过以上程序运行结果，可知按照初始能力值为 1，每天比前 1 天进步或者退步 1%，一年之后每天进步 1% 的人能力将达 37.78，每天退步 1% 的人，能力值只剩 0.03，这就是天天向上的力量。所以做某件事需要持续坚持下去，哪怕每天只是一点点，最后的积累还是很惊人的，相比起某段时间的突击，然后放弃一点点，看起来可能最近这段时间真的付出很多，但是实际的收效并不是很乐观。因此，大家要一起好好学习，天天向上。

3.2.2　while 循环

在 Python 中，while 循环和 if 条件分支语句类似，即在条件（表达式）为真的情况下，会执行相应的代码块。不同之处在于，只要条件为 True，while 就会一直重复执行那段代码块，直到指定的条件不满足为止。while 循环语法格式如下：

```
while 表达式：
    代码块
```

这里的代码块，指的是缩进格式相同的多行代码，不过在循环结构中，它又称为循环体。while 语句执行的具体流程为：首先判断表达式的值，其值为真（True）时，则执行代码块中的语句，当执行完毕后，再回过头来重新判断表达式的值是否为真，若仍为真，则继续重新执行代码块，如此循环，直到表达式的值为假（False）才终止循环。while 循环结构的执行流程如图 3-2-2 所示。

下面使用 while 循环来数数。

```
# -*- coding:utf-8 -*-
current_number = 1
while current_number <= 5:
    print(current_number)
    current_number += 1
```

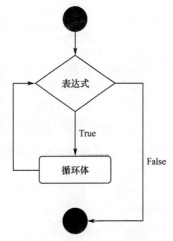

图 3-2-2　while 循环结构的执行流程

上述代码中,第一行,将变量 current_number 设置为 1,从而指定从 1 开始数。接下来的 while 循环被设置成这样:只要 current_number 小于等于 5,就接着执行这个循环。循环中的代码打印 current_number 的值,再使用代码 current_number＋＝1 将其值加 1。只要满足条件 current_number ＜＝5,Python 就接着执行这个循环,由于 1 小于 5,因此 Python 打印 1,并将 current_number 的值加 1,使其为 2;由于 2 小于 5,因此 Python 打印 2,并将 current_number 加 1,使其为 3,以此类推,一旦 current_number 大于 5,循环将终止,整个程序也将结束。程序运行结果为:

```
1
2
3
4
5
```

注意,在使用 while 循环时,一定要保证循环条件有变成 False 的时候,否则这个循环将成为一个死循环。所谓死循环,指的是无法结束循环的循环结构,例如将上面 while 循环中的 current_number ＋＝ 1 代码注释掉,再运行程序会发现,Python 解释器一直在输出 1,永远不会结束(因为 current_number ＜＝ 5,一直为 True),除非强制关闭解释器。

再次强调,只要位于 while 循环体中的代码,其必须使用相同的缩进格式(通常缩进 4 个空格),否则 Python 解释器会报 SyntaxError 错误(语法错误)。

1. while 循环遍历字符串

while 循环还常用来遍历列表、字典、元组和字符串,因为它们都支持通过下标索引获取指定位置的元素。例如,下面程序演示了如何使用 while 循环遍历一个字符串变量。

```
# -*- coding:utf-8 -*-
my_char="学习 Python,我是认真的"
i = 0                    # 定义变量 i 作为列表的下标,通过下标的方式获取元素
while i < len(my_char):   # len 函数返回列表元素个数
    print(my_char[i],end="")
    i = i + 1
```

程序运行结果为:

学习 Python,我是认真的

2. while 循环遍历列表

while 遍历列表与遍历字符串类似,需要定义一个下标变量,通过下标方式访问列表的元素。下面为 while 循环遍历列表的示例。

```
# -*- coding:utf-8 -*-
names = ["王玉梅","张勇","王杰","胡平","陈康"]
i = 0                    # 定义变量 i 作为列表的下标,通过下标的方式获取元素
while i<len(names):       # len 函数返回列表元素个数
    print(names[i])
    i += 1
```

程序运行结果为：

王玉梅

张勇

王杰

胡平

陈康

3. while 循环遍历字典

while 循环遍历字典，可以通过字典的 popitem() 方法删除并返回最后一个元素的方式实现。示例代码如下：

```
# - * - coding:utf-8  - * -
my_dic = {'王海':"32",'杨梅':"36",'龙云':"12"}
while my_dic:
    # popitem()随机返回并删除字典中的最后一对键和值
    print(my_dic. popitem())
```

程序运行结果为：

('龙云', '12')

('杨梅', '36')

('王海', '32')

如果需要使用 while 循环获取字段的 value 值，可使用 list 函数把字典的 keys 转换为列表，通过遍历列表的方式来获取字典的 value 值。示例代码如下：

```
# - * - coding:utf-8  - * -
my_dic = {'王海':"32",'杨梅':"36",'龙云':"12"}
# 使用 list 函数把字典的 keys 转换为列表
key_list = list(my_dic. keys())
i = 0
while i<len(key_list):
    print(my_dic[key_list[i]])
    i+=1
```

程序运行结果为：

32

36

12

4. while 循环遍历元组

while 遍历元组与遍历集合方法类似。示例代码如下：

```
# - * - coding:utf-8  - * -
my_type = ("王海","杨梅","龙云")
i = 0
while i<len(my_type):
    print(my_type[i])
    i+=1
```

程序运行结果为：

王海

杨梅

龙云

5. while 循环中标志位的使用

在游戏中,多种事件都可能导致游戏结束,如果程序结束的事件有很多时,需要在一条 while 语句中检查所有这些条件,将既复杂又困难。在要求很多条件都满足才能继续运行的程序中,可定义一个变量,用于判断整个程序是否处于活动状态。这个变量被称为标志,充当了程序的交通信号灯,可让程序在标志为 True 时继续运行,并在任何事件导致标志的值为 False 时让程序停止运行。这样,在 while 语句中就只需检查一个条件——标志的当前值是否为 True,并将所有测试(是否发生了应将标志设置为 False 的事件)都放在其他地方,从而让程序变得更为整洁。

下面代码中添加了一个标志,把这个标志命名为 active(可给它指定任何名称),它将用于判断程序是否应继续运行,当输入的字符串为 quit 时将终止程序运行。

```
# -*- coding:utf-8 -*-
prompt = "我是一个来自山谷的回声,我会重复你说的内容:"
prompt += "输入 'quit' 将终止程序运行.\n"
active = True
while active:
    message = input(prompt)
    if message == 'quit':
        active = False
    else:
        print(message)
```

代码说明:将变量 active 设置成了 True,让程序最初处于活动状态。这样做简化了 while 语句,因为不需要在其中做任何比较,相关的逻辑由程序的其他部分处理。只要变量 active 为 True,循环就将继续运行。在 while 循环中,在用户输入后使用一条 if 语句来检查变量 message 的值。如果用户输入的是'quit',就将变量 active 设置为 False,这将导致 while 循环不再继续执行。如果用户输入的不是'quit',就将用户输入的字符串作为一条消息打印出来。

程序运行结果为:

我是一个来自山谷的回声,我会重复你说的内容:输入 'quit' 将终止程序运行.

我还只是个 Python 初学者

我还只是个 Python 初学者

我是一个来自山谷的回声,我会重复你说的内容:输入 'quit' 将终止程序运行.

quit

通过循环结构 for 和 while 语句的学习,发现人生跟循环语句类似,也是不停地重复,今天可能是重复昨天的生活,但是这不是简单的重复,无意义的重复,希望大家能不停地学习,争取量变达成质变,最后能改变自己的人生。

3.2.3　循环结构中 else 用法

在 Python 中,无论是 while 循环还是 for 循环,其后都可以紧跟着一个 else 代码块,它的作用是当循环条件为 False 跳出循环时,程序会最先执行 else 代码块中的代码。以 while 循环为例,下面程序演示了如何为 while 循环添加一个 else 代码块:

```
# -*- coding:utf-8  -*-
str1 = "学习 Python,我是认真的"
i = 0
while i < len(str1):
    print(str1[i],end="")
    i = i + 1
else:
    print("\n 执行 else 代码块")
```

程序运行结果为:

学习 Python,我是认真的

执行 else 代码块

上面程序中,当 i == len(str1)结束循环时(确切地说,是在结束循环之前),Python 解释器会执行 while 循环后的 else 代码块。

到这,读者可能会觉得,else 代码块并没有什么具体作用,因为 while 循环之后的代码,即便不位于 else 代码块中,也会被执行。例如,修改上面程序,去掉 else 代码块:

```
# -*- coding:utf-8  -*-
str1 = "学习 Python,我是认真的"
i = 0
while i < len(str1):
    print(str1[i],end="")
    i = i + 1
# 原本位于 else 代码块中的代码
print("\n 执行 else 代码块")
```

程序运行结果与上述代码一致,那么,else 代码块真的没有用吗? 当然不是,后续项目和任务介绍 break 语句时,会具体介绍 else 代码块的用法。当然,也可以为 for 循环添加一个 else 代码块,例如:

```
# -*- coding:utf-8  -*-
str1 = "学习 Python,我是认真的"
i = 0
for i in str1:
    print(i,end="")
else:
    print("\n 执行 else 代码块")
```

程序运行结果为:

学习 Python,我是认真的

执行 else 代码块

3.2.4 range( )函数

在 Python 中,range()函数可以轻松地生成一系列的数字。range()函数的使用语法如下:

range(start, stop[, step])

参数说明:

start:计数从 start 开始。默认是从 0 开始。例如 range(5)等价于 range(0,5)。

stop:计数到 stop 结束,但不包括 stop。例如:range(0,5)是[0,1,2,3,4],没有 5。

step:步长,默认为 1。例如:range(0,5)等价于 range(0,5,1)。

range()函数生成的数字序列是左闭右开的,函数中的 start 和 step 都是可以省略的,start 省略是默认为 0,step 省略是默认为 1。例如,可以像下面这样使用 range()函数打印一系列数字:

```
for i in range(1,5):
    print(i)
```

上述代码好像应该打印数字 1～5,但是实际上不会打印 5,在这个示例代码中,range()只会打印数字 1～4,这是在编程语言中经常看到的差一的行为结果。range()函数从执行的第一个值开始数,并在到达第二个值后停止,因此输出不包含第二个值(这里为 5)。上述代码运行结果为:

1

2

3

4

可以使用 range()函数求 1～100 的累加值。示例代码如下:

```
# - * - coding:utf-8  - * -
sum = 0                      # 定义累加值存储变量
for i in range(1,101):
    sum += i
# 程序运行结果为"1～100 的累加值是:5050"
print("1～100 的累加值是:%d"%sum)
```

3.2.5 推导式

推导式 comprehensions 又称解析式,是 Python 的一种独有特性。推导式可以从一个数据序列构建另一个新的数据序列。

1.列表推导式

语法:

变量名 =[表达式 for 变量 in 列表]

变量名 =[表达式 for 变量 in 列表 if 条件]

语法说明:遍历出列表中的内容给变量,表达式根据变量值进行逻辑运算,或者遍历列表中的内容给变量,然后进行逻辑判断,把符合条件的值赋给变量,下面通过两个实例介绍列表推导式用法。

示例 1:通过推导式快速创建一个包含 1~10 的列表。

list1 = [i for i in range(1,11)]

print(list1)

创建的列表元素如下:

[1, 2, 3, 4, 5, 6, 7, 8, 9, 10]

示例 2:快速创建一个包含 1~10 所有偶数的列表。

list = [i for i in range(1, 11) if i % 2 == 0]

print(list)

创建的列表元素如下:

[2, 4, 6, 8, 10]

2. 字典推导式

字典推导式是列表推导式思想的延伸,语法相似,只不过产生的是字典而已。

字典推导式格式:

变量名 = {...}

示例:将字典中的 key 和 value 进行对换。

mydict={"a":1,"b":2,"c":3}

mydict_new = {v: k for k, v in mydict. items()}

print(mydict_new)

程序运行结果如下:

{1: 'a', 2: 'b', 3: 'c'}

3. 集合推导式

集合推导式跟列表推导式非常相似,唯一区别在于用 { } 代替 [ ]。

示例 1:创建一个存储 0-10 间偶数的集合。

set1 = {x for x in range(10) if x % 2 == 0}

print(set1)

创建集合元素如下:

{0,2,4,6,8}

示例 2:创建一个 1~10 数的平方的集合。

squared = {x ** 2 for x in range(1,11)}

print(squared)

创建集合元素如下:

{64,1,4,36,100,9,16,49,81,25}

3.2.6 多变量迭代

多变量迭代通过多个变量同时迭代列表中的数据,下面通过一个示例遍历整数列表中的每个元素。

```
simple_list = [1,2,3,4]
for x in simple_list:
    print(x)
```

以上代码,定义一个集合 simple_list,通过 x 变量迭代集合中的元素并输出,程序运行结果为:

```
1
2
3
4
```

通过以上的方式,也可以遍历整数元组列表中的每个元素,以下的示例遍历输出列表中的元组数据。

```
tuple_list = [(1,5),(2,6),(3,7),(4,8)]
for x, y in tuple_list:
    print(x,y)
    print("两个元素之和:",x+y)
```

在此,列表的每个元素都是两个整数的元组。当编写 for tup in tuple_list 时,tup 在每次迭代中使用列表中的一个元组整数填充,可以通过代替编写(x,y)(或 x,y 相同),将两个整数的元组"捕获"为两个不同的整数变量。类似地,可以遍历 3 个元组:

```
tuple_list = [(1,5,10),(2,6,11),(3,7,12),(4,8,69)]
for x, y, z in tuple_list:
    print(x, y, z)
    print("元素之和:",x+y+z)
```

程序运行结果为:

```
1 5 10
元素之和:16
2 6 11
元素之和:19
3 7 12
元素之和:22
4 8 69
元素之和:81
```

当然,也可以使用单个变量迭代输出元组数据,示例如下:

```
tuple_list = [(1,5),(2,6),(3,7),(4,8)]
for tuple in tuple_list:
    print(tuple)
```

程序运行结果为:

```
(1,5)
(2,6)
(3,7)
(4,8)
```

任务实现

根据任务分析和该任务所讲知识点,任务的具体实现步骤如下:

1.输入班级学生的姓名、身高、体重信息。

2.创建 name、weight 和 height 变量分别存储姓名、体重和身高信息。

3.编写循环语句,遍历班级学生信息,计算班级学生的 BMI 值。

4.根据 if...elif...else 分支控制语句和 BMI 分类信息表定义的 BMI 值分别执行不同的输出代码。

分析班级 BMI 指数
任务实现

5.输出个人 BMI 体质分类信息。

根据 for 循环和 while 循环知识,分别给出具体的实现代码,for 循环实现代码如任务实现代码 3-2 所示,while 循环实现的代码如任务实现代码 3-3 所示。

任务实现代码 3-2:

```python
# -*- coding：utf-8 -*-
classesBmi = [("王玉梅",1.6,50),("张勇",1.75,57),("王杰",1.56,68),("胡平",1.67,87),("陈康",1.78,73)]
for name,height,weight in classesBmi:
    bmi = weight/pow(height,2)
    who,nat = "",""
    if bmi < 18.5:
        who,nat = "偏瘦","偏瘦"
    elif 18.5 <= bmi < 24:
        who,nat = "正常","正常"
    elif 24 <= bmi <25:
        who,nat = "正常","偏胖"
    elif 25 <= bmi <28:
        who,nat = "偏胖","偏胖"
    elif 28 <= bmi <30:
        who,nat = "偏胖","肥胖"
    else:
        who,nat = "肥胖","肥胖"
    print("'{0}'的 BMI 数值为{1},BMI 指标为:国际'{2}',国内'{3}'".format(name,format(bmi,'.2f'),who,nat))
```

程序运行结果为:

王玉梅的 BMI 数值为 19.53,BMI 指标为:国际'正常',国内'正常'

张勇的 BMI 数值为 18.61,BMI 指标为:国际'正常',国内'正常'

王杰的 BMI 数值为 27.94,BMI 指标为:国际'偏胖',国内'偏胖'

胡平的 BMI 数值为 31.20,BMI 指标为:国际'肥胖',国内'肥胖'

陈康的 BMI 数值为 23.04,BMI 指标为:国际'正常',国内'正常'

任务实现代码 3-3:

```
# - * - coding：utf-8 - * -
classesBmi = [("王玉梅",1.6,50),("张勇",1.75,57),("王杰",1.56,68),("胡平",1.67,87),("陈康",1.78,73)]
'''while 循环不断地运行直到 classesBmi 列表变为空为止。在这个循环中,方法 pop() 以每次一个的方式从列表 classesBmi 末尾删除列表元素并赋值给 person 变量'''
while classesBmi：
    person = classesBmi.pop()
    name,height,weight = person[0],person[1],person[2]
    bmi = weight/pow(height,2)
    who,nat = "",""
    if bmi < 18.5：
        who,nat = "偏瘦","偏瘦"
    elif 18.5 <= bmi < 24：
        who,nat = "正常","正常"
    elif 24 <= bmi <25：
        who,nat = "正常","偏胖"
    elif 25 <= bmi <28：
        who,nat = "偏胖","偏胖"
    elif 28 <= bmi <30：
        who,nat = "偏胖","肥胖"
    else：
        who,nat = "肥胖","肥胖"
    print("{0}的 BMI 数值为{1},BMI 指标为:国际'{2}',国内'{3}'".format(name,format(bmi,'.2f'),who,nat))
```

程序运行结果与任务实现代码 3-2 一致。

任务 3.3 分析年级 BMI 指数

分析年级 BMI 指数

任务分析

Python 语言允许在一个循环体里面嵌入另一个循环(其他语言也可以),可以在循环体内嵌入其他的循环体,如在 while 循环中可以嵌入 for 循环,反之,可以在 for 循环中嵌入 while 循环。当 2 个(甚至多个)循环结构相互嵌套时,位于外层的循环结构常简称为外层循环或外循环,位于内层的循环结构常简称为内层循环或内循环。

对于循环嵌套结构的代码,Python 解释器执行的流程为:

1. 当外层循环条件为 True 时,则执行外层循环结构中的循环体。

2. 外层循环体中包含了普通程序和内循环,当内层循环的循环条件为 True 时会执行此循环中的循环体,直到内层循环条件为 False,跳出内循环。

3. 如果此时外层循环的条件仍为 True,则返回第 2 步,继续执行外层循环体,直到外层循环的循环条件为 False。

4.当内层循环的循环条件为 False,且外层循环的循环条件也为 False,则整个嵌套循环才算执行完毕。

任务 3.2 中分析了班级的 BMI 指数信息,本任务将分析年级的 BMI 指数,输入年级的 BMI 列表信息,使用 for 嵌套循环和 while 嵌套循环的方式,分别计算年级人员的 BMI 指数信息。通过如下的步骤可实现上述任务。

1.生成年级学生的班级、姓名、身高、体重列表信息。

2.创建 className、name、weight 和 height 变量分别存储班级、姓名、体重和身高信息。

3.编写嵌套循环语句,年级和班级学生信息,计算学生的 BMI 值。

4.根据 if...elif...else 分支控制语句和 BMI 分类信息表定义的 BMI 值执行不同的体质分类代码。

5.输出个人体质分类结果。

 相关知识点

3.3.1　for 嵌套循环

for 嵌套是指 for 循环里面还包含 for 循环,for 嵌套循环语句的语法格式为:

```
for 迭代变量 in 序列:
    for 迭代变量 in 序列:
        代码块 1
    代码块 2
```

以下实例使用了 for 嵌套循环输出 2～50 的素数(素数是指除了 1 和它本身以外,不能被任何整数整除的数,例如 17 就是素数,因为它不能被 2～16 的任一整数整除)。

```
# - * - coding:utf-8  - * -
num=[]
i=2
for i in range(2,51):
    j=2
    for j in range(2,i):
        if(i%j==0):
            break
    else:
        num.append(i)
print("2～50 包含的素数有:",num)
```

程序运行结果为:

2～50 包含的素数有:[2, 3, 5, 7, 11, 13, 17, 19, 23, 29, 31, 37, 41, 43, 47]

通过嵌套循环结构可以快速解决数学中穷举计算的问题,在编程中可以体会程序设计惊人的力量,开阔计算思维。走出传统,关注科技发展变得非常必要,学会利用先进的手段解决问题,提高创新能力。

3.3.2 while 嵌套循环

while 嵌套循环语法格式：
while 表达式 1：
　　while 表达式 2：
　　　　代码块 1
　　代码块 2
以下实例使用了 while 嵌套循环输出 2～50 的素数。

```
# -*- coding:utf-8 -*-
i = 2
num = []
while i < 50:
    j = 2
    while j <= (i/j):
        if not(i%j):
            break
        j = j + 1
    if j > i/j:
        num.append(i)
    i = i + 1
print("2～50 包含的素数有：",num)
```

程序运行结果为：
2～50 包含的素数有：[2, 3, 5, 7, 11, 13, 17, 19, 23, 29, 31, 37, 41, 43, 47]

3.3.3 break、continue 和 pass 语句

在执行 while 循环或者 for 循环时，只要循环条件满足，程序将会一直执行循环体，不停地转圈。但在某些场景，可能希望在循环结束前就强制结束循环。

Python 提供了 2 种强制离开当前循环体的办法：

(1)使用 break 语句，可以完全终止当前循环。

(2)使用 continue 语句，可以跳过执行本次循环体中剩余的代码，转而执行下一次的循环。

1. break 语句

break 语句用来终止循环语句，即循环条件没有 False 条件或者序列还没被完全递归完，也会停止执行循环语句。这就好比在操场上跑步，原计划跑 10 圈，可是当跑到第 2 圈的时候，突然想起有急事要办，于是果断停止跑步并离开操场，这就相当于使用了 break 语句提前终止了循环。如果使用嵌套循环，break 语句将停止执行最深层的循环，并开始执行下一行代码，而不会作用于所有的循环体。例如以下示例，当 letter 迭代变量值为 h 时，将直接终止 for 循环，后续的循环将不会执行。

```
# -*- coding:utf-8 -*-
```

```
# 一个简单的循环,输出 Python 字符串
for letter in 'Python':
# 当 letter 参数值为 h 时,跳出当前循环
    if letter == 'h':
        break
    print('当前字母:', letter)
```

程序运行结果为:

当前字母:P

当前字母:y

当前字母:t

break 语句一般会结合 if 语句进行搭配使用,表示在某种条件下跳出循环体。通过前面的学习可知,for 循环后也可以配备一个 else 语句。这种情况下,如果使用 break 语句跳出循环体,不会执行 else 中包含的代码。示例代码如下:

```
# -*- coding:utf-8 -*-
str = "学习 Python,我是认真的"
for i in str:
    if i == '我':
        # 终止循环
        break
    print(i,end="")
else:
    print("执行 else 语句中的代码")
print("\n 执行循环体外的代码")
```

程序运行结果为:

学习 Python,

执行循环体外的代码

从输出结果可以看出,使用 break 跳出当前循环体之后,该循环后的 else 代码块也不会被执行。但是,如果将 else 代码块中的代码直接放在循环体的后面,则该部分代码将会被执行。

在 while 循环语句中使用 break 示例如下:

```
# -*- coding:utf-8 -*-
n = 1
while n > 0:
# 当 n 等于 5 的时候,终止 while 循环
    if n == 5:
        break
    print(n)
    n += 1
else:
    print("这是 while 语句的 else 语句")
print('循环结束。')
```

程序运行结果为：

1

2

3

4

循环结束。

从输出结果可以看出，使用 break 跳出 while 循环体之后，该循环后的 else 代码块也不会被执行。但是，如果将 else 代码块中的代码直接放在循环体的后面，则该部分代码将会被执行。

2. continue 语句

和 break 语句相比，continue 语句的作用则没有那么强大，它只会终止执行本次循环中剩下的代码，直接从下一次循环继续执行。continue 语句的用法和 break 语句一样，只要在 while 或 for 语句中的相应位置加入即可，在 for 循环语句中使用 continue 示例如下：

```
# - * - coding：utf-8 - * -
for letter in 'Python'：
    if letter == 'h'：
        # 此处跳出 for 枚举'h'的那一次循环
        continue
    print('当前字母：', letter)
```

程序运行结果为：

当前字母：P

当前字母：y

当前字母：t

当前字母：o

当前字母：n

可以看到，当遍历 Python 字符串至 h 时，会进入 if 判断语句执行 continue 语句，而 continue 语句会使 Python 解释器忽略执行输出 h 字符，直接从下一次循环(o)开始执行。

在 while 中使用 continue 示例代码如下：

```
# - * - coding：utf-8 - * -
n = 0
while n < 5：
    n += 1
    # 当 n 等于 2 时，跳过当前循环体后面的所有代码，继续执行下一次循环
    if n == 2：
        continue
    print(n)
print('循环结束。')
```

程序运行结果为：

1

3

4

5

循环结束。

从输出结果可以看出,当 n 等于 2 的时候,执行 continue 语句,跳出当前循环体后面的代码,不输出 2,继续执行后面的循环,直到不满足条件为止。

3. pass 语句

在实际开发中,有时候会先搭建起程序的整体逻辑结构,但是暂时不去实现某些细节,而是在这些地方加一些注释,方便以后再添加代码,但是 Python 提供了一种更加专业的做法,就是空语句 pass。pass 是 Python 中的关键字,用来让解释器跳过此处,什么都不做,使用 pass 语句比使用注释更加优雅,请看下面的例子:

```
# - * - coding：utf-8 - * -
# 输出 Python 的每个字母
for letter in 'Python'：
        # 当迭代变量 letter 等于 h 时,执行空的 pass 语句
        if letter == 'h'：
            pass
            print ('这是 pass 块')
        print ('当前字母：', letter)
print ("Good bye!")
```

程序运行结果为:

当前字母：P

当前字母：y

当前字母：t

这是 pass 块

当前字母：h

当前字母：o

当前字母：n

Good bye!

当迭代变量 letter 等于 h 时,执行空的 pass 语句。就像上面的情况,有时候程序需要占一个位置,或者放一条语句,但又不希望这条语句做任何事情,此时就可以通过 pass 语句来实现。使用 pass 语句比使用注释更加优雅。

任务实现

根据任务分析,本任务的具体实现过程可参考如下:

1. 输入年级和班级的学生姓名、身高、体重信息。

2. 创建 className、name、weight 和 height 变量分别存储班级名称、姓名、体重和身高信息。

3. 编写嵌套循环语句,分别遍历年级里的班级信息和学生信息。

微课

分析年级 BMI 指数
任务实现

4. 根据 if...elif...else 分支控制语句和 BMI 分类信息表定义的 BMI 值分别输出不同的体质分类。

5. 输出个人 BMI 体质分类信息。

根据 for 嵌套循环和 while 嵌套循环知识,分别给出具体的实现代码如任务实现代码 3-4 和任务实现代码 3-5 所示。

任务实现代码 3-4:

```
# -*- coding:utf-8 -*-
gradeBmis = [[("19大数据1班","王玉梅",1.6,50),("19大数据1班","张勇",1.75,57),("19大数据1班","王杰",1.56,68),("19大数据1班","胡平",1.67,87),("19大数据1班","陈康",1.78,73)],
            [("19大数据2班","杨子",1.73,86),("19大数据2班","常博",1.56,70),("19大数据2班","张宇",1.75,73),("19大数据2班","唐梦",1.85,76),("19大数据2班","王硕",1.8,73)]]
# 遍历年级里面的班级信息
for classes in gradeBmis:
    # 获取到班级信息后,遍历班级的学生信息
    print("\n-----------班级分割线--------------------")
    for person in classes:
        className,name,height,weight = person[0],person[1],person[2],person[3]
        bmi = weight/pow(height,2)
        who,nat = "",""
        if bmi < 18.5:
            who,nat = "偏瘦","偏瘦"
        elif 18.5 <= bmi < 24:
            who,nat = "正常","正常"
        elif 24 <= bmi <25:
            who,nat = "正常","偏胖"
        elif 25 <= bmi <28:
            who,nat = "偏胖","偏胖"
        elif 28 <= bmi <30:
            who,nat = "偏胖","肥胖"
        else:
            who,nat = "肥胖","肥胖"
        print("{0}{1}的 BMI 数值为{2},BMI 指标为:国际'{3}',国内'{4}'".format(className,name,format(bmi,'.2f'),who,nat))
```

程序运行结果为:

```
-----------班级分割线--------------------
19大数据1班王玉梅的 BMI 数值为 19.53,BMI 指标为:国际'正常',国内'正常'
19大数据1班张勇的 BMI 数值为 18.61,BMI 指标为:国际'正常',国内'正常'
19大数据1班王杰的 BMI 数值为 27.94,BMI 指标为:国际'偏胖',国内'偏胖'
19大数据1班胡平的 BMI 数值为 31.20,BMI 指标为:国际'肥胖',国内'肥胖'
19大数据1班陈康的 BMI 数值为 23.04,BMI 指标为:国际'正常',国内'正常'
-----------班级分割线--------------------
```

19 大数据 2 班杨子的 BMI 数值为 28.73,BMI 指标为:国际'偏胖',国内'肥胖'

19 大数据 2 班常博的 BMI 数值为 28.76,BMI 指标为:国际'偏胖',国内'肥胖'

19 大数据 2 班张宇的 BMI 数值为 23.84,BMI 指标为:国际'正常',国内'正常'

19 大数据 2 班唐梦的 BMI 数值为 22.21,BMI 指标为:国际'正常',国内'正常'

19 大数据 2 班王硕的 BMI 数值为 22.53,BMI 指标为:国际'正常',国内'正常'

任务实现代码 3-5:

```
# -*- coding:utf-8 -*-
gradeBmis = [[("19 大数据 1 班","王玉梅",1.6,50),("19 大数据 1 班","张勇",1.75,57),("19 大数据 1 班","王杰",1.56,68),("19 大数据 1 班","胡平",1.67,87),("19 大数据 1 班","陈康",1.78,73)],
             [("19 大数据 2 班","杨子",1.73,86),("19 大数据 2 班","常博",1.56,70),("19 大数据 2 班","张宇",1.75,73),("19 大数据 2 班","唐梦",1.85,76),("19 大数据 2 班","王硕",1.8,73)]]
# 遍历年级里面的班级信息
while gradeBmis:
    # 获取到班级信息后,遍历班级的学生信息
    print("\n-----------班级分割线------------------")
    classes = gradeBmis.pop(0)
    while classes:
        person = classes.pop(0)
        className,name,height,weight = person[0],person[1],person[2],person[3]
        bmi = weight/pow(height,2)
        who,nat = "",""
        if bmi < 18.5:
            who,nat = "偏瘦","偏瘦"
        elif 18.5 <= bmi < 24:
            who,nat = "正常","正常"
        elif 24 <= bmi <25:
            who,nat = "正常","偏胖"
        elif 25 <= bmi <28:
            who,nat = "偏胖","偏胖"
        elif 28 <= bmi <30:
            who,nat = "偏胖","肥胖"
        else:
            who,nat = "肥胖","肥胖"
        print("{0}{1}的 BMI 数值为{2},BMI 指标为:国际'{3}',国内'{4}'".format(className,name,format(bmi,'.2f'),who,nat))
```

输出结果同上面的 for 循环语句实现实例。

技能拓展

1.同时遍历多个容器

借助 zip() 函数可以将多个容器集中在一起同时遍历,对于某些场合十分有效,zip() 是 Python 的内建函数,可以直接使用。示例代码如下:

```
x = [1,2,3]
y = {'a','b','c','d'}
# 用 i,j 分别遍历容器 x 和 y 中的元素,一旦其中某个容器遍历结束,循环终止
for i, j in zip(x, y):
    print(i, j)
```

程序运行结果如下:

1 a

2 b

3 d

2. 循环技巧

利用 Python 内建函数 reversed()、sorted()、set()、enumerate() 函数可以实现一些实用的技巧,如:

(1)获取 1~10 的逆序序列代码为:

```
for i in reversed(range(10)):
    # 输出结果为 10 9 8 7 6 5 4 3 2 1
    print(i+1, end = ' ')
```

(2)获取有序的字符序列

```
for c in sorted('hello world'):
    # 输出结果为 d e h l l l o o r w
    print(c, end = ' ')
```

(3)去除重复数据

```
for x in set([1,1,2,2,2,3,3]):
    # 输出结果为 1 2 3
    print(x, end=' ')
```

(4)同时获得序列的索引和值

```
list = ["这","是","一个","测试"]
for index, item in enumerate(list):
    print(index, item)
```

程序运行结果如下:

0 这

1 是

2 一个

3 测试

项目小结

该项目通过编写健康小助手的方式,学习了 Python 中的流程控制语句,其中包括条件分支结构 if...elif...else 语句、两种循环控制语句:while 和 for 语句。通过该项目知识点的学习,将为后续的 Python 进阶奠定坚实的基础。

习 题

一、选择题

1. 以下代码的输出结果是(　　　)。

```
if None：
    print("Hello")
```

A. False   B. Hello   C. 没有任何输出   D. 语法错误

2. 在 if...elif...else 的多个代码块中只会执行一个代码块(　　　)。

A. 正确   B. 错误

C. 根据条件决定   D. Python 中没有 elif 语句

3. 在 Python 中表示跳出循环的语句是(　　　)。

A. continue   B. break   C. ESC   D. Close

4. 阅读下面的代码片段，执行后 x,y,z 的值分别是(　　　)。

```
x = 10
y = 20
z = 30
if x < y：
    z＝x
    x＝y
    y＝z
print(x,y,z)
```

A. 10,20,30   B. 10,20,20   C. 20,10,10   D. 20,10,30

5. 以下程序的输出结果是(　　　)。

```
x,y,z = 3,2,1
if x＜y：
    if y＜0：
        z＝0
    else：
        z＋＝1
print(z)
```

A. 3   B. 2   C. 1   D. 0

6. 下列说法中错误的是(　　　)。

A. while 语句的循环体中可以包括 if 语句

B. if 语句中可以包括循环语句

C. 循环语句不可以嵌套

D. 选择语句可以嵌套

7. 下列不属于 while 循环语句循环要素的是(　　　)。

A. 循环变量的初值和终值

B. 输出语句的确定

C. 循环体

D. 循环变量变化的语句

8. 以下关于 Python 循环结构的描述中,错误的是(　　)。

A. continue 只结束本次循环

B. 遍历循环中的遍历结构可以是字符串、文件、组合数据类型和 range()函数

C. Python 通过 for、while 等保留字构建循环结构

D. break 用来结束本次循环语句,但不跳出当前的循环体

9. 以下代码的输出结果是(　　)。

```
for s in "testatest":
    if s=="a" or s=="e":
        continue
print(s,end='')
```

A. tsttst   B. testatest   C. testtest   D. tstatst

10. 以下代码的输出结果是(　　)。

```
for i in range(1,6):
    if i%4 == 0:
        break
    else:
        print(i,end=",")
```

A. 1,2,3,5,   B. 1,2,3,4,   C. 1,2,3,   D. 1,2,3,5,6

二、判断题

1. 在 Python 中没有 switch-case 语句。　　　　　　　　　　　　(　　)

2. 每个 if 条件后面都要使用冒号。　　　　　　　　　　　　(　　)

3. elif 可以单独使用。　　　　　　　　　　　　(　　)

4. if 语句、while 语句、for 语句都可以嵌套使用。　　　　　　　　　　　　(　　)

5. range()函数是一个数字序列函数。　　　　　　　　　　　　(　　)

6. break 和 continue 语句可以单独使用。　　　　　　　　　　　　(　　)

三、编程题

1. 使用 for 循环输出 10 行 10 列的 *。

2. 使用 while 循环实现用户输入数字,求数字之和,直到输入 0 时退出程序,输出数字运算之和。

3. 有四个数字:1、2、3、4,能组成多少个互不相同且无重复数字的三位数? 各是多少? 使用循环控制语句,输出符合条件的三位数和三位数的个数。

4. 使用 while 循环输出 0 到 100 内所有的偶数。

项目 4

编写科赫雪花程序

本项目通过编写科赫雪花程序,学习函数的创建及调用、函数的参数传递、函数返回值、递归函数、函数的导入方法及匿名函数的使用等,将复杂问题分解成一系列简单的小问题,通过函数封装达到分而治之的目的。本项目利用 Python 图形绘制库 turtle 绘制自然图形,读者也可探索其他图形的绘制。

● 学习目标

1.掌握函数的定义和调用方法。

2.理解函数的参数传递。

3.了解匿名函数的使用。

4.掌握绘制图像函数库的使用。

5.掌握函数递归的定义和使用方法。

6.了解变量的作用域。

7.理解科赫曲线的含义。

任务 4.1　绘制 N 阶科赫曲线

绘制 N 阶科赫曲线(上)

 任务分析

科赫曲线(Koch curve)是一种像雪花的几何曲线。科赫曲线的生成其实是一个递归的过程,通过不断地递归调用,可以形成一个 N 阶科赫曲线,利用 Python 中绘制图像的函数库可绘制 N 阶科赫曲线。通过分析,可将上述任务分解为以下步骤实现:

1.引用图形绘制库。

2.将窗口和画笔进行初始化设置。

3.当科赫曲线阶数为 0 时绘制直线。

4.当科赫曲线阶数为 N 时在画笔前进方向的 $0°、60°、-120°、60°$ 分别绘制 N−1 阶曲线。

绘制 N 阶科赫曲线(下)

相关知识点

4.1.1 认识 Python 函数

数学中的函数定义:给定一个数集 A,对 A 施加对应法则 f,记作 f(A),得到另一数集 B,也就是 B= f(A),那么这个关系式就叫函数关系式,简称函数。

数学中的函数其实就是 A 和 B 之间的一种关系,可以理解为从 A 中取出任意一个输入都能在 B 中找到特定的输出;在程序中,函数也是完成这样的一种输入/输出的映射,但是程序中的函数有着更广泛的含义。以 Python 为例,函数实现了对整段程序逻辑的封装,是程序逻辑的结构化或者过程化的一种编程方法。使用函数,可以将某个功能的代码从整体代码中隔离开来,避免程序中出现大段重复代码。同时,维护只需要对函数内部进行修改即可,无须修改大量代码的副本。以前面项目和任务中多次使用的函数 print 为例:

print('hello,Python!')

由于 print 是一个函数,因此不用再去实现一遍打印到屏幕的功能,这减少了大量的重复代码。看到 print 就知道这一行是用来打印的,可读性好。当打印出现问题时,只需查看 print 函数的内部,不用去看 print 以外的代码,这体现了模块化的思想。

但是,内置函数往往不能满足个性化的需求,一般实际问题都需要编写自己的函数,这样才能进一步提高程序的简洁性、可读性和可扩展性。

4.1.2 函数的定义

在 Python 中,函数是组织好的、可重复使用的、用来实现单一或相关联功能的代码段。函数能提高应用的模块性和代码的重复利用率。在项目 1~项目 3 中,已经使用过很多函数,如用 print()、input()、int()、len()、range()、pow()等,这些都是 Python 的内置函数。除了使用内置函数外,也可以自己定义函数,将一段有规律的、重复的代码定义为函数,在下一次使用的时候直接调用,从而提高代码的重复利用率。

下面是一个简单的打印语句函数,名为 poetry():

def poetry():
    """打印一条简单的语句"""
    print("举头望明月,低头写 Python!")

这个示例演示了最简单的函数结构。第一行代码使用关键字 def 来定义一个 poetry 函数,函数名后紧跟括号,然后以冒号结束定义。接下来常常需要给函数进行注释,用三引号括起,不需注释的可省略此项。代码行 print("举头望明月,低头写 Python!")是函数体,本例实现的是打印"举头望明月,低头写 Python!"

创建函数使用 def 关键字实现,语法格式如下:

def <函数名>(<参数列表>):
    <函数体>
    return <返回值列表>

创建函数时应注意以 def 关键字开头,后接函数名;函数名可以是任何有效的

Python 标识符。

函数名命名注意事项：可以使用英文或拼音，不能使用中文；可用数字，但不能以数字开头；必须具有一定含义；不能和系统已经存在的保留关键字冲突，避免使用和系统提供函数相同的函数名。

参数列表是调用该函数时传递给它的值，可以有零个、一个或多个，当传递多个参数时各参数由逗号分隔，当没有参数时也要保留圆括号。函数定义中参数列表里面的参数是形式参数，简称为"形参"。

函数体是函数每次被调用时执行的代码，由一行或多行语句组成。

当需要返回值时，使用保留字 return 返回值，否则函数可以没有 return 语句，在函数体结束位置将控制权返回给调用者。

return 具有如下特征：

1. 可以为当前函数执行完毕返回一个结果。

2. 执行之后，函数则会终止。

3. 一个函数可以书写多个 return 语句，但一般会放入分支结构中。

4. 一个函数若要返回多个数据，可借助复合数据类型（list，tuple，set，dict）。

4.1.3 函数的调用

1.绘制方格

在数学中函数需要一个自变量才会得到因变量，Python 的函数也是一样，只是定义的话并不会执行，还需要调用，下面来看一个画方格的例子。

```
1 import turtle          # 通过保留字 import 引用绘制图形的 turtle 库
2 turtle.setup(600,600,600,200)   # 设置主窗体大小和位置
3 turtle.penup()              # 拾起画笔,之后移动画笔不绘制形状
4 turtle.goto(-100,200)        # 让海龟移动坐标
5 turtle.pendown()            # 落下画笔,之后移动画笔将绘制形状
6 turtle.pensize(2)           # 设置画笔尺寸
7 def line():                 # 定义函数 line()
8     turtle.right(90)         # 让小海龟右转 90 度
9     turtle.fd(100)           # 向小海龟当前行进方向前进
10 line()                      # 函数调用
11 line()
12 line()
13 line()
14 turtle.hideturtle()         # 隐藏箭头显示
15 turtle.mainloop()
```

程序运行结果如图 4-1-1 所示。

在本例中第 7～9 行代码定义了一个画直线并将画笔方向向右转的函数 line()，第 6 行代码执行结束后第 7～9 行代码并不执行，在第 10 行调用 line()函数时才执行第 7～9 行代码，在进行方格绘制的过程中共调

图 4-1-1 方格绘制

用了 4 次该函数。

注：本例中引用的 turtle 库是 Python 语言中一个很流行的绘制图像的函数库，该库想象一个小乌龟，在一个横轴为 x、纵轴为 y 的坐标系原点(0,0)位置开始，它根据一组函数指令的控制，在这个平面坐标系中移动，从而在它爬行的路径上绘制图形。

调用函数的基本语法格式如下：

＜函数名＞（＜参数列表＞）

要调用的函数名称必须是已经创建好的，参数列表中如果需要传递多个参数值，则各参数值间使用英文的逗号"，"分割，如果该函数没有参数，则直接写一对小括号即可。

2. 函数的参数传递

在调用函数的时候，使用参数列表进行主调函数和被调用函数之间的数据传递，可将方格绘制代码进行改写。

```
1 import turtle              # 引用绘制图形库
2 turtle. setup(600,600,600,200)   # 设置主窗体大小和位置
3 def move(x,y):
4       turtle. penup()          # 抬起画笔
5       turtle. goto(x,y)        # 移动坐标
6       turtle. pendown()        # 落下画笔
7 move(−100,200)
8 turtle. pensize(2)            # 设置画笔尺寸
9 def DrawPolygon(num):        # 定义绘制图形函数
10      angle＝360/num
11      for i in range(num):
12          turtle. right(angle)
13          turtle. fd(100)
14 DrawPolygon(3)               # 绘制三角形
15 move(20,200)
16 DrawPolygon(4)               # 绘制四边形
17 move(170,200)
18 DrawPolygon(5)               # 绘制五边形
19 turtle. hideturtle()
20 turtle. done()              # 完成绘画
```

运行结果如图 4-1-2 所示。

在多边形绘制示例中，第 9～13 行代码定义了函数 DrawPolygon(num)，第 14、16 和 18 行调用该函数分别绘制三角形、四边形和五边形，其中创建函数时的参数 num 称为形式参数，调用该函数 DrawPolygon(3)时括号内的 3 称为实际参数。

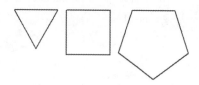

图 4-1-2 多边形绘制

Python 的函数参数非常灵活，参数的个数可以为 0 个、一个或多个，Python 的参数形式主要有位置参数、关键字参数、带默认值参数、可变参数。

（1）位置参数

位置参数必须按照正确的顺序传到函数中，即调用时的数量和位置必须和定义的一致。在上例中，定义的函数 move 共有两个参数 x 和 y，在调用函数时，指定的实际参数的数量必须与定义函数时的形式参数的数量一致，否则将出现异常情况。

（2）关键字参数

关键字参数是指使用形式参数的名称来确定输入的参数值。通过该方式指定实际参数时，不再需要与形式参数的位置完全一致。只需要正确写出参数名称与对应值即可。这样的方式不需要严格按照定义时参数的顺序进行调用，大大地提高了函数调用的灵活性。

如上例中定义的 move(x,y)函数，可以通过关键字参数方式进行调用，第 7 行代码改写为：move(y=200,x=-100)可得到相同结果。

（3）带默认值参数

在函数参数较多时常常会因没有指定某个参数抛出异常，为避免出错和更方便进行函数调用可以为参数设置默认值，即创建带默认值参数的函数，这样在没有传入参数时也不会抛出异常，程序会使用函数设置的默认值传给形式参数，这种方式在频繁调用某个参数相同的函数时更加便捷。

定义带有默认值参数的函数语法格式如下：

def ＜函数名＞（参数 1,参数 2,……,[参数 N=默认值]）：

　　＜函数体＞

如上例中定义的 move(x,y)函数，可以通过带默认值参数方式改写为：move(x,y=200)可得到相同结果。指定默认的形式参数必须在所有参数的最后，否则将产生语法错误。

（4）可变参数

Python 在函数定义时也可以设置不定长参数，又称可变参数，即传入函数中的实际参数可以是任意多个。函数创建时可以将任意多个实际参数放到一个元组中。

```
def favfruits( * fruits):          # 定义带有不定长参数的函数
    print('\n 我喜欢的水果有：')
    for item in fruits：
        print(item)
favfruits('苹果')                  # 传入一个参数
favfruits('苹果','香蕉','西瓜','草莓')   # 传入多个参数
favfruits('苹果','香蕉','芒果','橘子')
```

程序运行结果为：

我喜欢的水果有：

苹果

我喜欢的水果有：

苹果

香蕉

西瓜

草莓

我喜欢的水果有：

苹果

香蕉

芒果

橘子

3. Python 绘制图形库 turtle

（1）介绍

turtle 库是 Python 语言中一个非常流行的绘制图像的函数库。想象一只小乌龟，在一个横轴为 x、纵轴为 y 的坐标系原点（0，0）位置开始，它根据一组函数指令的控制，在这个平面坐标系中移动，从而在它爬行的路径上绘制图形。

（2）原理

turtle（海龟）是真实的存在，可以想象成一只海龟在窗体正中间，由程序控制在画布上游走，走过的轨迹形成了绘制的图形，可以变换海龟的颜色和宽度等，这里海龟就是画笔。

（3）turtle 的绘图窗体布局

绘制 turtle 图形首先需要一个绘图窗体，在操作系统上表现为一个窗口，它是 turtle 的一个画布空间。在窗口中使用的最小单位是像素，例如要绘制一个 100 单位长度的直线，就是指 100 像素长的直线。

在一个操作系统上，将显示器的左上角坐标定义为（0，0），那么将窗体的左上角定义为 turtle 绘图窗体的坐标原点，相对于整个显示器坐标为（startx，starty）。这里可以使用 turtle. setup(width,height,startx,starty)来设置启动窗体的位置和大小，当然 setup()函数并不是必需的。而且在 setup()函数中 startx 和 starty 参数是可选的，如果没有指定这两个参数，那么系统会默认该窗体在显示器的正中心。

参数说明：

width 和 height：如果是整数，则为像素大小；如果是浮点数则为屏幕的百分比。width 默认为屏幕的 50%，height 默认为屏幕的 70%。

startx 和 starty：如果为正，则为距屏幕左侧或顶部的像素长度；如果为负，则为距离屏幕右侧或底部的像素长度；如果为 None，则水平或垂直居中，如图 4-1-3 所示。

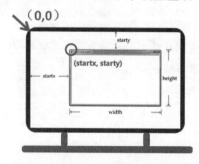

图 4-1-3　turtle 的绘图窗体

（4）turtle 空间坐标体系

在 turtle 窗体内部形成了一个空间坐标体系，包含绝对坐标和海龟坐标两种。

①绝对坐标

对于绝对坐标来讲，turtle 也就是海龟最开始出现的地方，即画布的正中心作为绝对坐标的(0,0)。海龟的运行方向向着画布的右侧，所以整个窗体的右方向为 x 轴，上方向为 y 轴，由此构成了绝对坐标系，如图 4-1-4 所示。

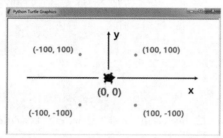

图 4-1-4　turtle 绝对坐标

绝对坐标系在绘图时经常用到，与之相关的最重要的函数是 turtle.goto(x,y)，该函数是让任意位置的海龟到达指定位置。

②海龟坐标

对于海龟坐标来讲，无论海龟朝向什么方向，海龟当前行进方向都叫前进方向，反方向是后退方向，左侧是左侧方向，右侧是右侧方向，如图 4-1-5 所示。

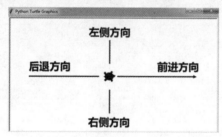

图 4-1-5　turtle 海龟坐标

与之相关的常用函数有：turtle.fd(d)，前进 d 像素距离；turtle.bk(d)，后退 d 像素距离，海龟方向不变；turtle.circle(r,angle)，以海龟左侧为原点，半径为 r 像素，行进 angle 度圆形弧度，并且海龟方向改变 angle 度，如果没有 angle，那么行进一个完整的圆。注意：d、r、angle 允许负数，意为反方向。

(5)turtle 角度坐标体系

turtle 建立了一个空间坐标体系，那么在空间坐标中，海龟行进的方向也有一个角度，同样分为绝对角度和海龟角度。

①绝对角度

对于绝对角度来讲，绝对坐标的 x 正轴表示 0 度或 360 度，y 正轴表示 90 度或 −270 度，x 负轴表示 180 度或 −180 度，y 负轴表示 270 度或 −90 度，如图 4-1-6 所示。与之相关的常用函数为 turtle.seth(angle)，用于改变海龟行进方向，只改变方向不行进。

②海龟角度

对于海龟角度来讲，为了更好地改变海龟的行进方向，使用左右的方式来改变它的行进角度。

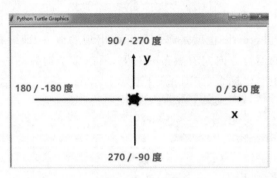

图 4-1-6　turtle 海龟绝对角度

与之相关的函数有：turtle. left(angle)和 turtle. right(angle)，分别让海龟向左或向右改变行进方向。

（6）turtle 的 RGB 色彩体系

turtle 库中采用了计算机最常见的 RGB 色彩体系，取值范围可以是 0～255 的整数，也可以是 0～1 的小数，常用的 RGB 色彩见表 4-1-1。

表 4-1-1　　　　　　　　　　　　　常用的 RGB 色彩

英文名称	RGB 整数值	RGB 小数值	中文名称
white	255,255,255	1,1,1	白色
yellow	255,255,0	1,1,0	黄色
magenta	255,0,255	1,0,1	洋红
cyan	0,255,255	0,1,1	青色
blue	0,0,255	0,0,1	蓝色
black	0,0,0	0,0,0	黑色
seashell	255,245,238	1,0.96,0.93	海贝色
gold	255,215,0	1,0.84,0	金色
pink	255,192,203	1,0.75,0.80	粉红色
brown	165,42,42	0.65,0.16,0.16	棕色
purple	160,32,240	0.63,0.13,0.94	紫色
tomato	255,99,71	1,0.39,0.28	番茄色

turtle 库默认采用 RGB 的小数值来表示颜色，当然也可以使用函数 turtle. colormode(mode)来切换 RGB 数值模式。当 mode 为 1.0 时表示采用小数值来表现 RGB，当 mode 为 255 时表示采用整数值来表现 RGB。

与颜色设置相关的函数有：turtle. color()、turtle. pencolor()、turtle. fillcolor()，用于设置画笔颜色和填充色；还有 turtle. bgcolor()，设置窗体背景色。

（7）turtle 常用函数

注意：设置参数后，如果没有取消或重新设置，那么当前程序内一直有效。

①画笔控制函数

turtle. penup()、turtle. pu()、turtle. up()：抬笔，移动时不绘图。

turtle. pendown()、turtle. pd()、turtle. down():落笔,移动时绘图。

turtle. pensize(width)、turtle. width(width):画笔宽度。

turtle. pencolor(* args):如果不给参数,则返回当前画笔颜色,给出参数则是设定画笔颜色。设置颜色有三种方式的参数,pencolor(colorstring)、pencolor((r,g,b))和pencolor(r,g,b)。

②运动控制函数

turtle. forward(distance)、turtle. fd(distance):前进 distance 像素。

turtle. backward (distance)、turtle. bk (distance)、turtle. back (distance):后退distance 像素。

turtle. circle(r,angle):以画笔(海龟)左侧为圆心,半径为 r 像素,画 angle 度的圆形。注意:海龟方向同时发生 angle 度变化。

turtle. goto(x,y)、setpos(x,y)、setposition(x,y):由当前坐标前往指定坐标,这里使用绝对坐标,但画笔方向不会改变。

③方向控制函数

turtle. setheading(angle)、turtle. seth(angle):以绝对角度改变方向。

turtle. left(angle)、turtle. lt(angle):以海龟角度向左改变方向。

turtle. right (angle)、turtle. rt (angle):以海龟角度向右改变方向。

如果想画出如图 4-1-7 所示的格子,也可以把上例中部分代码封装成一个新的函数,利用 turtle 库可完成绘制。

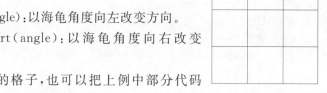

图 4-1-7   多格绘制

4.1.4 函数的返回值

在 Python 中 return 语句用来退出函数并将程序返回到函数被调用的位置继续执行。return 语句可以同时将 0 个、1 个或多个函数运算后的结果返回给函数被调用处的变量。

1. 返回空

在一个函数或一段程序中如果不想返回任何内容,可以只写一个 return,return 执行后会停止执行后面的代码立即返回。

```
def guess_word(word):
    if word ! ='secret':
        return
    print('bingo')
guess_word('absolutely not this one')
```

在 guess_word 函数中只要函数参数不是 secret 就不会输出任何内容,因为 return 后面的代码不会被执行。另外,return 跟 return None 是等价的,也就是说默认返回的是 None。

2. 返回一个值

函数在执行的时候,会在执行到结束或者 return 语句的时候返回调用的位置。如下例中需要返回两数之和,即可以使用 return 语句简单地返回一个值。

```
def add(a,b):
    c = a + b
    return c                      # 函数赋值给变量
c = add(3,4)
print(c)                          # 函数返回值作为其他函数的实际参数
print(add(3,4))
```

输出结果:

7

7

3. 返回多个值

与大部分其他编程语言不同,Python 可以返回多个参数,如:

```
def reverse_input(num1,num2,num3):     # 定义一个具有多个返回值的函数
    return num3,num2,num1
a,b,c= reverse_input(1, 2, 3)          # 将函数返回值赋值给数目相同的变量
print(a)
print(b)
print(c)
```

输出结果:

3

2

1

这个函数的作用是把输入的 3 个变量顺序翻转一下。

这里要注意接收返回值时也要用多个变量,不能使用一个变量接收,而是要用和返回值数目相同的变量接收,其中返回值赋值的顺序是从左到右的。

4.1.5 递归函数

递归在数学与计算机科学中指的是在函数的定义中使用函数自身的方法。在函数内部,可以调用其他函数。如果一个函数在内部调用自身,这个函数就是递归函数。

递归函数特性如下:

1.必须有一个明确的结束条件。

2.每次进入更深一层递归时,问题规模相比上次递归都应有所减少。

3.相邻两次重复之间有紧密的联系,前一次要为后一次做准备,通常前一次的输出就是作为后一次的输入。

利用递归计算 1～100 相加之和。

```
def add(n):                       # 定义递归函数进行求和
    if n>0:
        return n+add(n-1)          # 递归调用
    else:
```

```
        return 0
print('1 到 100 相加之和为：',add(100))
```

程序运行结果为：

1 到 100 相加之和为：5050

递归函数的优点是定义简单、逻辑清晰。理论上，所有的递归函数都可以写成循环的方式，但循环的逻辑不如递归清晰。

任务实现

科赫曲线的生成其实是一个递归的过程，通过不断地递归调用 koch，可以形成一个不断由等边三角形组成的雪花，如图 4-1-8 所示。

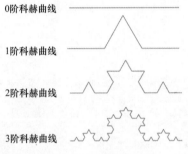

图 4-1-8　N 阶科赫曲线

绘制 N 阶科赫曲线
任务实现

给定线段 AB，科赫曲线可以由以下步骤生成：

1．将线段分成三等份（AC，CD，DB）。

2．以 CD 为底，向外（内外随意）画一个等边三角形 DMC。

3．将线段 CD 移去，如图 4-1-9 所示。

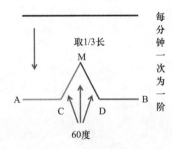

图 4-1-9　1 阶科赫曲线解析

4．分别对 AC，CM，MD，DB 重复 1～3。

科赫雪花是以等边三角形三边生成的科赫曲线组成的。每条科赫曲线的长度是无限大，它是连续而无处可微的曲线，对应的实现代码如任务实现代码 4-1 所示。

任务实现代码 4-1：

```
import turtle                          # 引用绘制图形库
turtle. color('CornflowerBlue')        # 矢车菊蓝
turtle. setup(800,800)                 # 设置主窗体大小
turtle. penup()                        # 抬起画笔
```

```
turtle. goto(−300，200)                    # 移动坐标
turtle. pendown()                          # 落下画笔
turtle. pensize(3)                         # 设置画笔尺寸
a＝[0，60，−120，60]
def koch(len,n,anglelist)：                  # 定义科赫函数
    if n == 0：
        turtle. fd(len)
    else：
        for angle in anglelist：
            turtle. left(angle)
            koch(len/3,n−1,anglelist)
koch(600,3,a)                              # 调用函数绘制3阶科赫曲线
turtle. penup()
turtle. goto(−300，0)
turtle. pendown()
koch(600,4,a)                              # 调用函数绘制4阶科赫曲线
turtle. penup()
turtle. goto(−300，−200)
turtle. pendown()
koch(600,5,a)                              # 调用函数绘制5阶科赫曲线
turtle. hideturtle()
turtle. done()
```

程序运行结果如图 4-1-10 所示。

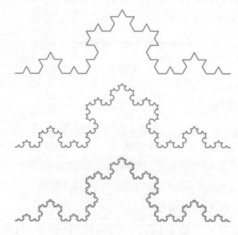

图 4-1-10　N 阶科赫曲线运行结果图

技能拓展

利用 turtle 库还可以绘制正六边形、风轮图形、太阳花以及更复杂的图形,如图 4-1-11
所示,请读者探索和尝试!

图 4-1-11 复杂图形

微 课

绘制科赫雪花

任务 4.2 绘制科赫雪花

任务分析

自然界中的雪花形状与科赫曲线类似,因此科赫曲线又被称作科赫雪花、雪花曲线。本任务要求在 N 阶科赫曲线的基础上分别绘制 3 阶和 5 阶的科赫雪花。前面已经绘制了一条科赫曲线,在绘制一条科赫曲线后顺时针旋转 120 度绘制一条新的科赫曲线,然后再次顺时针旋转 120 度绘制一条新的科赫曲线即可绘制成科赫雪花,如图 4-2-1 所示。

图 4-2-1 科赫雪花示意图

相关知识点

4.2.1 变量的作用域

变量的作用域是指程序代码能够访问该变量的区域,如果超出该区域,在访问时就会出现错误。在程序中,根据变量的有效范围,将变量分为全局变量和局部变量。

全局变量指在函数之外定义的变量,一般没有缩进,在程序执行全过程有效。局部变量指在函数内部使用的变量,仅在函数内部有效,当函数退出时变量将不存在,例如:

```
n = 10                          # n 是全局变量
def add(a,b):                   # 定义求和函数
    s = a + b + n               # a、b 是局部变量
    print(s)
add(1,2)
```

程序运行结果为:

13

现改写代码,在函数体外调用局部变量 s:

```
n = 10                          # n 是全局变量
```

```
def add(a,b):              # 定义求和函数
    s = a + b + n          # a、b 是局部变量
add(1,2)
print(s)                   # 函数体外调用局部变量将会出错
```

程序运行则会抛出 name 's' is not defined 错误。此时如果要访问局部变量 s,可使用 global 关键字修饰转换为全局变量,这样在函数体外也可以访问到该变量,并且在函数体内还可以对其进行修改,代码如下:

```
n = 10                     # n 是全局变量
def add(a,b):              # 定义求和函数
    global s
    s = a + b + n          # a、b 是局部变量
add(1,2)
print(s)
```

程序运行结果为:

13

4.2.2 函数导入方法

Python 编程中经常需要调用自己定义的函数,在大型程序中自定义的函数一般会和 main 函数分开,下面通过绘制科赫雪花的程序讲解在不同文件下定义的函数怎么调用。

首先在 test 文件夹下有 main. py 文件以及 subfunction 子文件夹,子文件夹下有 fun. py 文件(图 4-2-2)定义了绘制科赫曲线函数,代码如下:

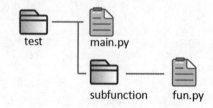

图 4-2-2 文件结构图

```
import turtle
def koch(len, n):
    if n == 0:
        turtle. fd(len)
    else:
        for angle in [0, 60, −120, 60]:
            turtle. left(angle)
            koch(len/3, n−1)
```

在 main. py 文件中需要调用该函数,调用方法如下:

```
import turtle
from fun import *           # 导入 fun 文件中的所有函数
```

```
lenth＝400
level＝3
turtle.color('CornflowerBlue')        ♯ 设置画笔颜色为矢车菊蓝
turtle.setup(600,600)                  ♯ 设置主窗体大小
turtle.penup()                         ♯ 抬起画笔
turtle.goto(－200, 100)                ♯ 移动坐标
turtle.pendown()                       ♯ 落下画笔
turtle.pensize(3)                      ♯ 设置画笔尺寸
koch(lenth,level)                      ♯ 调用函数
turtle.right(120)                      ♯ 旋转角度
koch(lenth,level)
turtle.right(120)
koch(lenth,level)
turtle.hideturtle()                    ♯ 隐藏箭头显示
turtle.done()                          ♯ 停止画笔绘制
```

另一种调用方法如下：

```
import turtle
import fun                             ♯ 引入 fun 模块
lenth＝400
level＝3
turtle.color('CornflowerBlue')        ♯ 设置画笔颜色为矢车菊蓝
turtle.setup(600,600)                  ♯ 设置主窗体大小
turtle.penup()                         ♯ 抬起画笔
turtle.goto(－200, 100)                ♯ 移动坐标
turtle.pendown()                       ♯ 落下画笔
turtle.pensize(3)                      ♯ 设置画笔尺寸
fun.koch(lenth,level)                  ♯ 调用函数
turtle.right(120)                      ♯ 旋转角度
fun.koch(lenth,level)
turtle.right(120)
fun.koch(lenth,level)
turtle.hideturtle()                    ♯ 隐藏箭头显示
turtle.done()                          ♯ 停止画笔绘制
```

Python 读取这个文件时，代码行 import fun 让 Python 打开文件 fun.py，并将其中的所有函数都复制到这个程序中，函数导入后即可使用 fun.py 中定义的所有函数。要调用被导入的函数，可使用导入的模块的名称 fun 和函数名 koch()，中间用句点分隔，本例中使用的是 fun.koch(lenth,level)。这种方法只需要编写一条 import 语句并指定调用的模块名即可。

4.2.3　匿名函数

匿名函数就是不需要显式地指定函数名,而是将函数名作为函数结果返回。一般需要将一个函数对象作为参数来传递时,可以直接定义一个 lambda 函数。匿名函数也常常与一些 Python 的内置函数配合使用,提高代码的可读性。在 Python 中使用 lambda 表达式创建匿名函数,其语法格式如下:

<函数名>＝lambda <参数列表>:<表达式>

关键字 lambda 表示匿名函数,参数列表中多个参数间使用逗号","分割。表达式用于指定一个实现具体功能的表达式。

匿名函数只能有一个表达式,不用写 return,返回值就是该表达式的结果。用匿名函数有个好处,因为函数没有名字,不必担心函数名冲突。此外,匿名函数也是一个函数对象,也可以把匿名函数赋值给一个变量,再利用变量来调用该函数。有些函数在代码中只用一次,而且函数体比较简单,这类函数使用匿名函数可以减少代码量,看起来比较"优雅"。

下面通过一个例子来介绍一下 lambda 函数的简单使用。

```
sum = lambda a,b,c：a＋b＋c          # 使用变量 abc 来构成一个表达式
print('返回值为：',sum(1,2,3))
```

程序运行结果为:

```
返回值为：6
```

将匿名函数与普通函数进行对比:

```
def sum_func(a, b, c)：          # 定义求和函数
    return a ＋ b ＋ c
sum_lambda = lambda a, b, c：a ＋ b ＋ c          # 使用匿名函数实现求和功能
print(sum_func(4, 5, 6))
print(sum_lambda(40, 50, 60))
```

程序运行结果为:

```
15
150
```

任务实现

绘制科赫雪花
任务实现

在绘制一条科赫曲线后顺时针旋转 120 度绘制一条新的科赫曲线,然后再次顺时针旋转 120 度绘制一条新的科赫曲线即可绘制成科赫雪花,该任务可分解为以下几个步骤:

1.定义科赫函数,绘制 N 阶长度为 len 的科赫曲线。

2.编写 main 函数设置窗口和画笔。

3.绘制一条科赫曲线并将画笔向右旋转 120 度,重复两次完成科赫雪花绘制。

具体实现代码如任务实现代码 4-2 所示。

任务实现代码 4-2：

```
import turtle                              # 引用绘制图形库
def koch(len, n):                          # 定义科赫函数
    if n == 0:
        turtle.fd(len)
    else:
        for angle in [0, 60, -120, 60]:
            turtle.left(angle)
            koch(len/3, n-1)
lenth=400
level=3
def main():
    turtle.color('CornflowerBlue')         # 设置画笔颜色为矢车菊蓝
    turtle.setup(600,600)                  # 设置主窗体大小
    turtle.penup()                         # 抬起画笔
    turtle.goto(-200, 100)                 # 移动坐标
    turtle.pendown()                       # 落下画笔
    turtle.pensize(3)                      # 设置画笔尺寸
    koch(lenth,level)                      # 调用函数
    turtle.right(120)                      # 旋转角度
    koch(lenth,level)
    turtle.right(120)
    koch(lenth,level)
    turtle.hideturtle()                    # 隐藏箭头显示
    turtle.done()                          # 停止画笔绘制
main()
```

程序运行结果如图 4-2-3 所示,将 level 改为 5 运行结果如图 4-2-4 所示。

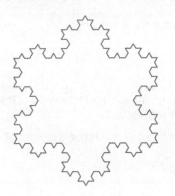
图 4-2-3　3 阶科赫雪花

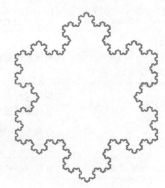
图 4-2-4　5 阶科赫雪花

 技能拓展

Python 解释器一共提供了 68 种内置函数,这些函数不需要引用库即可直接使用,表 4-2-1 将这 68 种内置函数进行了简单介绍,部分函数在前面的项目和任务当中已经反复使用,还有很多函数将在今后使用。

表 4-2-1   Python 内置函数表

函数名	功能
abs(x)	返回一个数的绝对值。参数可以是一个整数或浮点数。如果参数是一个复数,则返回它的模
all(iterable)	如果 iterable 的所有元素为真(或迭代器为空),返回 True
any(iterable)	如果 iterable 的任一元素为真则返回 True。如果迭代器为空,返回 False
ascii(object)	返回一个表示可打印对象的字符串
bin(x)	将一个整数转变为一个前缀为"0b"的二进制字符串
bool([x])	判断参数是否为布尔值,返回 True 或者 False
breakpoint(∗ args, ∗ ∗ kws)	设置断点
bytearray([source[, encoding[, errors]]])	返回一个新的 bytes 数组
bytes ([source [, encoding [, errors]]])	返回一个新的 bytes 对象
callable(object)	如果参数 object 是可调用的就返回 True,否则返回 False
char(i)	返回整数 i 对应的 ASCII 字符
class C： @classmethod Def f(cls,arg1,arg2···)···	把一个方法封装成类方法
compile(source, filename, mode, flags = 0, dont _ inherit = False, optimize=−1)	将 source 编译成代码或 AST 对象
complex([real[, imag]])	返回值为 real + imag ∗ j 的复数,或将字符串或数字转换为复数
delattr(object, name)	如果对象允许,该函数将删除指定的属性
dict(∗ ∗ kwarg) dict(mapping, ∗ ∗ kwarg) dict(iterable, ∗ ∗ kwarg)	创建一个新的字典
dir([object])	如果没有实参,则返回当前本地作用域中的名称列表。如果有实参,它会尝试返回该对象的有效属性列表
divmod(a, b)	将两个(非复数)数字作为实参,并在执行整数除法时返回一对商和余数
enumerate(iterable, start=0)	返回一个枚举对象

（续表）

函数名	功能
eval（expression [，globals [，locals]]）	返回表达式的求值结果
exec(object[，globals[，locals]])	object 必须是字符串或者代码对象。如果是字符串，那么该字符串将被解析为一系列 Python 语句并执行（除非发生语法错误）。如果是代码对象，它将被直接执行
filter(function, iterable)	过滤序列，过滤掉 iterable 不符合条件的元素，function 为条件，返回由符合条件元素组成的新列表
float([x])	返回从数字或字符串 x 生成的浮点数
format(value[，format_spec])	将 value 转换为 format_spec 控制的"格式化"表示
frozenset([iterable])	返回一个新的 frozenset（不可变集合）对象，它包含可选参数 iterable 中的元素
getattr(object, name[，default])	返回对象命名属性的值
globals()	返回表示当前全局符号表的字典
hasattr(object, name)	如果字符串是对象的属性之一的名称，则返回 True，否则返回 False
hash(object)	返回该对象的哈希值（如果存在）
help([object])	查看对象的帮助信息
hex(x)	将整数转换为以"0x"为前缀的小写十六进制字符串
id(object)	返回对象的内存地址
input([prompt])	提示并接收用户的输入，并返回字符串
int([x]) int(x, base=10)	返回一个基于数字或字符串 x 构造的整数对象，或者在未给出参数时返回 0
isinstance(object, classinfo)	如果参数 object 是参数 classinfo 的实例或者是其（直接、间接或虚拟）子类则返回 True。如果 object 不是给定类型的对象，函数将总是返回 False
issubclass(class, classinfo)	如果 class 是 classinfo 的（直接、间接或虚拟）子类则返回 True
iter(object[，sentinel])	返回一个 iterator（迭代器）对象
len(s)	返回对象的长度（元素个数）
list([iterable])	将可迭代对象（字符串、列表、元组、字典）转换为列表
locals()	更新并返回表示当前本地符号表的字典
map(function, iterable, …)	根据提供的函数对指定序列做映射
max(iterable, * [，key, default]) max(arg1, arg2, * args[，key])	返回可迭代对象中最大的元素，或者返回两个及以上实参中最大的
memoryview(obj)	返回由给定实参创建的"内存视图"对象
min(iterable, * [，key, default]) min(arg1, arg2, * args[，key])	返回可迭代对象中最小的元素，或者返回两个及以上实参中最小的
next(iterator[，default])	通过调用 iterator 的 __next__()方法获取下一个元素。如果迭代器耗尽，则返回给定的 default，如果没有默认值则触发 StopIteration
class object	返回一个没有特征的新对象，object 是所有类的基类

（续表）

函数名	功能
oct(x)	将一个整数转变为一个前缀为"0o"的八进制字符串
open(file, mode='r', buffering=-1, encoding=None, errors=None, newline=None, closefd=True, opener=None)	打开 file 并返回对应的 file object。如果该文件不能打开,则触发 OSError
ord(c)	对单个 Unicode 字符的字符串,返回它的 Unicode 码整数
pow(base, exp[, mod])	返回 base 的 exp 次幂;如果 mod 存在,则返回 base 的 exp 次幂对 mod 取余
print(* objects, sep=' ', end='\n', file=sys.stdout, flush=False)	将 objects 打印到 file 指定的文本流,以 sep 分隔并在末尾加上 end
property (fget = None, fset = None, fdel=None, doc=None)	返回 property 属性值
range(stop) range(start, stop[, step])	返回一个整数列表,一般用在 for 循环中
repr(object)	返回包含一个对象的可打印表示形式的字符串
reversed(seq)	返回一个反向的 iterator(迭代器)
round(number[, ndigits])	返回 number 舍入小数点后 ndigits 位精度的值
set([iterable])	返回一个新的 set 对象,可以选择带有从 iterable 获取的元素
setattr(object, name, value)	设置属性值
slice(stop) slice(start, stop[, step])	返回一个由 range(start, stop, step)所指定索引集的 slice 对象
sorted(iterable, * , key=None, reverse=False)	对可迭代对象排序,生成新的可迭代对象
staticmethod()	将方法转换为静态方法
str(object='') str(object=b'', encoding='utf-8', errors='strict')	返回一个 str 版本的 object
sum(iterable, /, start=0)	从 start 开始自左向右对 iterable 的项求和并返回总计值
super([type[, object-or-type]])	调用父类(超类)
tuple([iterable])	将可迭代对象转换为元组
type(object) type(name, bases, dict)	传入一个参数时,返回 object 的类型;传入三个参数时,返回一个类对象
vars([object])	返回模块、类、实例或任何其他具有 __dict__ 属性的对象的 __dict__ 属性
zip(* iterables)	将 iterables 对象中对应的元素打包成一个个元组,然后返回由这些元组组成的列表
__import__(name, globals = None, locals=None, fromlist=(), level=0)	动态加载类和函数

eval()为 Python 的内置函数,它会将字符串转化为有效的表达式计算,并返回计算结果,即将你输入的字符串当成 Python 表达式执行。

```
from functools import reduce
value1 = eval("1+1+2+3+5+8+13+21")
print(value1)
a = [1, 2, 3]
eval("a.append(4)")
print(a)
print(type(eval("{'A':'a', 'B':'b', 'C':'c'}")))
b = [1, 2, 3, 4, 5, 6]
print(eval("reduce(lambda x, y: x * y, b)"))      # 阶乘
```

程序运行结果为:

```
54
[1, 2, 3, 4]
<class 'dict'>
720
```

eval()函数虽然在很多情况下能够带来便利,但是要慎用,因为它能够将字符串转化为表达式执行,外部可以利用这个特性执行系统命令进行删除、建立文件等操作,造成安全隐患。

```
input_data = input("请输入数学表达式!")
value2 = eval(input_data)
print(value2)
```

运行程序用户输入:

请输入数学表达式! 1+3+5+7+9

程序运行结果为:

```
25
```

如上述例子,假设用户输入的不是数学表达式,而是其他指令,可能会造成安全隐患。

```
expression = input('请输入一个列表:')
eval(expression)
```

运行后输入"__import__('os').startfile("notepad.exe")"可打开记事本程序,输入"__import__('os').system("md test")"可创建子文件夹 test,输入"__import__('os').system("rd test")"可删除子文件夹 test。通常灰帽黑客会利用相关命令入侵他人电脑,无视法律法规并利用技术做破坏,在编写代码的过程中一定要遵循相关法律法规,营造良好网络环境。

《刑法》第二百八十五条 【非法侵入计算机信息系统罪;非法获取计算机信息系统数据、非法控制计算机信息系统罪】违反国家规定,侵入国家事务、国防建设、尖端科学技术领域的计算机信息系统的,处三年以下有期徒刑或者拘役。

违反国家规定,侵入前款规定以外的计算机信息系统或者采用其他技术手段,获取该计算机信息系统中存储、处理或者传输的数据,或者对该计算机信息系统实施非法控制,

情节严重的,处三年以下有期徒刑或者拘役,并处或者单处罚金;情节特别严重的,处三年以上七年以下有期徒刑,并处罚金。

技能拓展

自然界中还有很多既有趣又有规律的图形,如图 4-2-5 所示,这些图形都可以使用 Python 进行绘制,请读者探索和尝试!

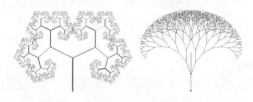

图 4-2-5 自然界图形

项目小结

本项目通过编写科赫雪花程序介绍了函数相关知识点,函数可以把相似的逻辑抽象成一个函数,减少重复代码,又可以使程序模块化并且提高可读性。本项目主要包括函数的创建、函数的调用、函数的参数传递、函数的返回值、匿名函数 lambda、函数导入的方法以及 Python 的 68 种内置函数,另外还介绍了科赫曲线的绘制方法和 turtle 库的基本函数。其中应重点掌握如何通过不同的方式为函数传递参数,能够准确区分形式参数和实际参数。

习 题

一、选择题

1. Python 创建函数使用的关键字是(　　)。

A. main　　　　　　　B. def　　　　　　　C. define　　　　　　　D. function

2. 以下关于 Python 函数的说法正确的是(　　)。

A. 必须至少有一个参数

B. 可能没有参数

C. 必须始终有一个 return 语句来返回一个值

D. 必须始终有一个 return 语句来返回多个值

3. 关于形参和实参的描述,以下选项中正确的是(　　)。

A. 函数定义中参数列表里面的参数是实际参数,简称实参

B. 参数列表中给出要传入函数内部的参数,这类参数称为形式参数,简称形参

C. 程序在调用时,将形参复制给函数的实参

D. 函数调用时,实参默认采用按照位置顺序的方式传递给函数,Python 也提供了按

照形参名称输入实参的方式

4. 定义一个函数 def f(p1,p2,p3,p4),调用它时,以下选项错误的是( )。

A. f(1,2,3,4)

B. f(p4 = 4,1,2,3)

C. f(p1 = 1,p2 = 2,p3 = 3,p4 = 4)

D. f(1,2,3,p4 = 4)

5. 关于 Python 的 lambda 函数,以下选项中描述错误的是( )。

A. lambda 函数将函数名作为函数结果返回

B. f = lambda x,y:x * y 执行后,f 的类型为数字类型

C. lambda 用于定义简单的、能够在一行内表示的函数

D. 可以使用 lambda 函数定义列表的排序原则

6. 关于 turtle 库的形状绘制函数,以下选项中描述错误的是( )。

A. turtle. setup(width=0.6,height=0.6)表示绘制一个高 0.6 像素、宽 0.6 像素的窗口

B. turtle. fd(distance)函数的作用是向小海龟当前行进方向前进 distance 距离

C. turtle. pencolor("green")函数的作用是设置画笔的颜色为绿色

D. turtle. left(90)函数的作用是让小海龟的方向逆时针旋转 90 度

7. 以下选项中,不属于函数的作用的是( )。

A. 提高代码的执行速度

B. 降低编程的复杂度

C. 增强代码的可读性

D. 提高代码的重复利用率

8. 定义一个函数:

```
def func(b):
    b = b+1
    print(" b= ",b)
a = 2
func(a)
print("a=",a)
```

打印结果正确的是( )。

A. b= 3   a= 3   B. b= 3   a= 2

C. a= 2   b= 2   D. a= 2   b= 3

9. 在定义函数时,不应遵循的规则是( )。

A. 函数代码块以 def 关键词开头,后接函数标识符名称和圆括号( )

B. 任何传入参数和自变量必须放在圆括号中间,圆括号之间可以用于定义参数

C. 函数的第一行语句可以选择性地使用,文档字符串用于存放函数说明

D. return [表达式]结束函数,不带 return 的函数会抛出异常

10. 以下不是 Python 内置函数的是（　　）。

A. float( )　　　　　B. string( )　　　　　C. int( )　　　　　D. len( )

二、判断题

1. 函数是实现代码复用的一种方式。（　　）

2. 定义函数时，若该函数不需要接收任何参数，则可省略圆括号。（　　）

3. Python 的函数参数个数可以为 0 个、1 个或多个。（　　）

4. 一个函数如果带有默认值参数，那么必须所有参数都设置默认值。（　　）

5. 定义 Python 函数时必须指定函数返回值类型。（　　）

6. 在函数内部可以定义全局变量。（　　）

7. 在函数内部直接修改形参的值并不影响外部实参的值。（　　）

8. 形参可以看作是函数内部的局部变量，函数运行结束之后形参就不可访问了。（　　）

9. 调用带有默认值参数的函数时，不能为默认值参数传递任何值，必须使用函数定义时设置的默认值。（　　）

10. 在函数内部，既可以使用 global 来声明使用外部全局变量，也可以使用 global 直接定义全局变量。（　　）

三、编程题

1. 创建一个函数，对接收的 n 个数字进行求和并输入。

2. 阅读以下程序段：

```
def fact(n)：
    if n==0：
        return 1
    else：
        return n * fact(n-1)
num = eval(input("请输入一个整数："))
print(fact(abs(int(num))))
```

请写出输入 5 时，程序的输出结果。

3. 通过函数导入的方式实现对随机生成的 10 个学生成绩进行等级判定并输出。

4. 请写出以下代码段实现的功能：

```
def func(p)：
    digit_number = 0
    space_number = 0
    alpha_number = 0
    else_number = 0
    for i in p：
        if i. isdigit( )：
            digit_number += 1
        elif i. isspace( )：
```

```
                space_number += 1
            elif i.isalpha():
                alpha_number += 1
            else:
                else_number += 1
    return (digit_number,space_number,alpha_number,else_number)
r = func("qwer    123")
print(r)
```

項目 **5**

编写词云程序

在算机网络发达的现代社会中,人们大量地从网络上获取各种信息。人们的工作与学习,都很难离开网络。人们在网络上浏览各种信息时,不知不觉中消耗了大量的时间。"词云"通过文本分析,对文本中出现频率较高的"关键词"以视觉上的方式展现,过滤掉大量的文本信息,使浏览者很快就能领略文本的主旨。各式各样的词云图也给人们提供充分的想象空间。

本项目将实现词云生成的过程进行分解,逐步实现一个自定义形状的词云程序。在实现词云图生成的过程中,学习并掌握 Python 的文件读写等知识点。

● **学习目标**

1. 掌握文本文件的读取方法。

2. 掌握 CSV 文件的读取方法。

3. 掌握 Python os 模块与 shutil 模块常用的方法。

4. 掌握 jieba 分词的原理与分词的方法。

5. 掌握 wordcloud 生成词云的原理及方法。

任务 5.1   读写文件

微课

读写文件

✎ **任务分析**

在日常工作中,时常需要对文件进行操作。现有一份某系统的《系统使用说明》文件,在编写过程中误将"登录"写成了"登陆",现要编写程序对文件内容进行修正,将说明书中的"登陆"替换成"登录"。通过分析,可通过以下步骤实现上述任务:

1. 打开文件,读取文件内容。

2. 修改文件内容,将"登陆"替换成"登录"。

3. 将修改后的内容写回文件。

相关知识点

5.1.1   文件的基本知识

1.文件的定义

文件是存储在外部介质(如磁盘、U盘等)上的相关数据的集合。

2.文件的分类

按照功能分类,文件可分为文本文件、视频文件、音频文件、图像文件、可执行文件等多种类别。

按照用途分类,文件可分为系统文件、库文件、用户文件等。

3.文件的属性

关于文件,根据系统的不同而有所不同,但是通常包括如下属性:

(1)名称:在同一文件夹下,文件名称是唯一的。

(2)类型:被支持不同类型的文件系统所使用。

(3)路径:文件所在的位置。

(4)大小:文件的大小。

(5)时间、日期和用户标识:文件创建、上次修改和上次访问的相关信息。

其中两个关键属性,分别是"路径"和"名称"。路径是用来指明文件在计算机上的位置,而名称则是为每个文件设定的名字。

4.文件的访问

访问文件有两种方式,即通过绝对路径与相对路径进行访问。

绝对路径是指从根目录开始的路径。在 Windows 系统中,根是盘符,并且使用"/"(斜杠)表示路径分隔符。

图 5-1-1 中,main.py 文件的绝对路径表示为 C:/code/main.py,test.docx 文件的绝对路径表示为 C:/code/docs/test.docx。

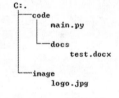

图 5-1-1   文件的结构

相对路径,指的是一个文件相对于另一个文件所在的位置。在使用相对路径访问时,./表示当前目录,../表示上一级目录。

图 5-1-1 中,logo.jpg 文件位于 main.py 文件的上一级目录(code 目录)的同级目录 image 中,当 main.py 文件需访问 logo.jpg 时,用相对路径表示为:../image/logo.jpg。

5.1.2   文件基本操作

1.文件操作的一般过程

文件操作的一般过程:

(1)打开文件。在文件打开时,系统会在内存中准备一个读写的缓冲区,为读文件做准备。

(2)访问文件。对文件进行读或写的操作,数据从磁盘到内存的过程称为读,从内存到磁盘的过程称为写。

（3）关闭文件。文件使用完毕后，必须对文件进行关闭，否则会造成数据的丢失。

2. 文件的打开

在 Python 中，文件的打开用 open()函数。格式如下：

open(file, mode='', encoding='')

说明：file 是指文件的路径和名称。mode 是对文件操作的模式，为可选参数，见表 5-1-1。r 表示只读模式，w 表示写模式，a 表示追加写模式。如果不指定 mode，默认为只读模式。以'w'模式写入文件时，如果文件已存在，会直接覆盖，相当于删掉后新写入一个文件。为了避免文件的丢失，用'w'模式写入时，要确保此文件名之前不存在。

表 5-1-1　　　　　　　　文件操作的模式

文件模式	说明
r	只读模式
w	写模式，文件存在，则覆盖写
a	追加写模式

encoding 表示处理文件时所使用的字符集，为可选参数。在 Windows 系统中默认使用 GBK 字符集，在 Linux 系统中默认使用 utf-8 字符集。

3. 文件关闭

使用 close()方法对文件进行关闭。因为文件对象会占用操作系统的资源，文件操作完之后要调用 close()方法关闭文件，关闭后文件不能再进行读写操作。使用方法为：

file.close()

说明：file 是指打开文件返回的对象，close()方法在对文件的操作结束时使用。

4. 文本文件的读写

文件的读就是把文件中的数据读取到内存中，文件的写就是把内存中的数据写入文件中。

（1）文本文件的读取

Python 中文本文件读取常用的方法有 3 个，分别是 read()、readline()、readlines()。

①read()方法

格式：fileObject.read()

功能：read()方法一次性读取文件内容并放入一个字符串中，速度比较快，但是当读取的文件过大时，占用的内存也比较大。使用 read()方法读取文件内容示例代码如下：

```
# 需要在当前代码文件目录下手动创建 test_read.txt 文件并添加内容
f = open('test_read.txt', 'r', encoding="utf-8")    # 打开文件
content = f.read()              # 读取文件内容
print(content)                  # 输出读取到的数据
f.close()                       # 关闭文件
```

程序运行结果为：

这是 read 方法读取的文件中的所有数据

②readline()方法

格式：fileObject. readline()

功能：逐行读取文本，结果返回一行的字符串。

说明：readline() 逐行读取，读取时占用的内存小，但是速度比较慢。使用 readline()
方法读取文件内容示例代码如下：

```
f = open('test_readline.txt', 'r', encoding="utf-8")      # 打开文件
content = f.readline()            # 读取文件内容
print(content)                    # 输出读取到的数据
f.close()                         # 关闭文件
```

程序运行结果为：

这是 test_readline 方法读取的第一行数据

readline()方法第一次调用时读取第一行，第二次调用时读取第二行。示例代码如下：

```
f = open('test_readline.txt', 'r', encoding="utf-8")      # 打开文件
str1 = f.readline()               # 第一次读取
print(str1)                       # 打印第一次读取的内容
str2 = f.readline()               # 第二次读取
print(str2)                       # 打印第二次读取的内容
f.close()                         # 关闭文件
```

程序运行结果为：

这是读取的第一行数据

这是读取的第二行数据

③readlines()方法

格式：fileObject. readlines()

功能：读取文件所有行，返回一个列表。readlines()在读取文本时，每行文本末尾会
有一个换行符号。示例代码如下：

```
f = open('test_readline.txt', 'r', encoding="utf-8")      # 打开文件
rows = f.readlines()              # 读取文件内容
print(rows)                       # 输出读取到的数据
f.close()                         # 关闭文件
```

程序运行结果为：

['这是 test_readline 读取的第一行文字\n', '这是 test_readline 读取的第二行文字\n', '这是本文
件的最后一行文字']

如果要逐行输出，需要将列表中的内容进行遍历输出。示例代码如下：

```
f = open('test_readline.txt', 'r', encoding="utf-8")      # 打开文件
rows = f.readlines()              # 读取文件内容
for row in rows:
    print(row)
f.close()                         # 关闭文件
```

程序运行结果为：

这是 test_readline 读取的第一行文字

这是 test_readline 读取的第二行文字

这是本文件的最后一行文字

④with 语句

在进行文件操作时有可能产生异常(IOError),如果出现异常,文件关闭操作 file.close()就不会被调用。为了保证无论是否出现异常都能正确地关闭文件,Python 定义了 with 语句来自动调用 close()方法。示例代码如下:

```
with open('a.txt', 'r') as f:
    content = f.read()
    print(content)
    print("测试使用 with 语句读取文件")
```

由于没有 a.txt 文件,所以运行代码会报错,运行结果如下:

```
FileNotFoundError    Traceback (most recent call last)
<ipython-input-2-6001528c736f> in <module>()
----> 1 with open('a.txt', 'r') as f:
      2     content = f.read()
      3     print(content)
      4     print("测试使用 with 语句读取文件")

FileNotFoundError:[Errno 2] No such file or directory:'a.txt'
```

使用 with 语句打开文件,进行文件操作时,不需要显式调用 close()方法关闭文件,而且即使程序报错,也能够自动关闭文件。

(2)文本文件的写操作

文件的写操作常用的方法有:write() 与 writelines()。

①write()方法

格式:fileObject.write('str')

功能:把字符串写到文件中。

示例代码如下:

```
with open('test_write.txt', 'w') as f:
    f.write('测试写入数据到文件')
```

打开 test_write.txt,可以看到文件中的内容为:

测试写入数据到文件

②writelines()方法

格式:fileObject.writelines('str')

功能:用于向文件中写入一系列的字符串。

说明:writelines() 在写入序列时不会自动换行,若需要换行,需要在字符串中加入换行符('\n')进行换行。

示例代码如下:

```
with open('test_writelines.txt', 'w', encoding='utf8') as f:
    f.writelines(["第 1 行数据\n","第 2 行数据\n","第 3 行数据\n"])
```

打开 test_writelines.txt 文件中的内容为:

第 1 行数据

第 2 行数据

第 3 行数据

5. CSV 文件读写

CSV，全称为 Comma-Separated Values，中文可以叫作逗号分隔值，其文件以纯文本形式存储表格数据，用 CSV 来保存数据比较方便。

(1)CSV 文件的写操作

CSV 文件写入过程，以向 test_csv_writerow.csv 文件中写入两行为例。打开 test_csv_writerow.csv 文件，然后指定打开的模式为 w(写入)，获得文件句柄，随后调用 CSV 库的 writer() 方法初始化写入对象，传入该句柄，调用 writerow() 方法，传入每行的数据，完成写入。运行结束后，会生成一个名为 test_csv_writerow 的文件，此时数据就成功写入了。

示例代码如下：

```
import csv
# 创建文件对象
with open('test_csv_writerow.csv', 'w', encoding="utf-8") as f:
    # 基于文件对象构建 csv 写入对象
    csv_writer = csv.writer(f)
    csv_writer.writerow(["姓名","性别"])        # 写入第一行
    csv_writer.writerow(["李明","男"])          # 写入第二行
```

打开文件 test_csv_writerow.csv，结果如图 5-1-2 所示。

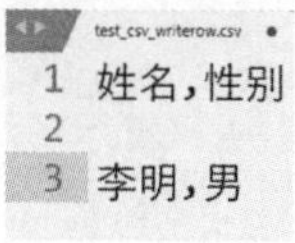

图 5-1-2　csv 写入结果

上例中，当写入一行时，默认会产生空行，然后再写入下一行。当在 open() 函数中加入 newline='' 后，程序不再产生空行。

示例代码如下：

```
import csv
# 创建文件对象
with open('test_csv_writerow.csv', 'w', encoding="utf-8", newline='') as f:
    # 基于文件对象构建 csv 写入对象
    csv_writer = csv.writer(f)
    csv_writer.writerow(["姓名","性别"])
    csv_writer.writerow(["李明","男"])
```

打开文件，内容如图 5-1-3 所示。

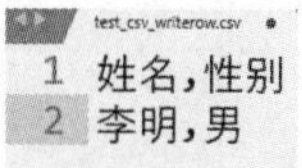

图 5-1-3　去换行后运行结果

若进行追加写入,可以修改文件的打开模式,即将 open()函数的第二个参数改成"a"。示例代码如下:

```
import csv
# 创建文件对象
with open('test_csv_writerow.csv', 'a', encoding="utf-8", newline='') as f:
    # 基于文件对象构建 csv 写入对象
    csv_writer = csv.writer(f)
    # 写入 csv 文件内容
    csv_writer.writerow(["张勇","男"])
```

(2)CSV 文件的读取操作

①reader()方法读取

reader()读取 CSV 文件,与写入类似,打开 test_csv_ reader.csv 文件,指定打开的模式为 r(只读),获得文件句柄,随后调用 CSV 库的 reader()方法初始化读取对象,csv.reader()方法返回值是一个迭代器(reader 对象)。通过对这个对象进行遍历,输出每一行的列表。

示例代码如下:

```
import csv
with open('test_csv_reader.csv', 'r', encoding="utf-8") as f:
    reader = csv.reader(f)
    # print(type(reader))              # 打印 reader 的类型
    for row in reader:
        print(row)
```

程序运行结果为:

```
['姓名','年龄']
['刘小林','20']
```

②DictReader()方法读取

使用 DictReader(),和 reader()方法类似,接收一个可迭代的对象,能返回一个生成器,但是返回的每一个单元格都放在一个字典的值内,而这个字典的键则是这个单元格的标题(列头)。

示例代码如下:

```
import csv
with open('test_csv_DictReader.csv','r',encoding="utf-8") as f:
    reader = csv.DictReader(f)        # DictReader 读取
    for row in reader:
        print(row)
```

程序运行结果为:

```
OrderedDict([('name', 'Jack'), ('score', '70')])
OrderedDict([('name', 'Rose'), ('score', '69')])
OrderedDict([('name', 'Tom'), ('score', '80')])
```

　　若需对读取的某一行进行筛选,可用字典逐行进行判断。用 row[′列名′]等于所在列的值,即可取得以字典形式呈现的该行数据。

　　示例代码如下:

```
import csv
with open('test_csv_DictReader.csv','r',encoding="utf-8") as f:
    reader = csv.DictReader(f)
    for row in reader:                      # 遍历每一行
        if row['name']=='Jack':             # name 这一列中,含'Jack'的行
            print(row)
```

　　程序运行结果为:

OrderedDict([('name', 'Jack'), ('score', '70')])

任务实现

读写文件
任务实现

　　根据任务分析和上述介绍的知识点,本任务的具体实现步骤如下:

　　1.利用 with 语句只读方式打开文件,使用 read()方法读取文件内容。

　　2.对文件内容使用字符串替换函数对内容进行修正。

　　3.利用 with 语句只写方式打开文件,使用 write()方法写入修正后的内容。

　　具体代码如任务实现代码 5-1 所示。

　　任务实现代码 5-1:

```
with open("系统使用说明.txt","r",encoding='gbk') as f:
    content=f.read()
new_content=content.replace("登陆","登录")
with open("系统使用说明.txt","w",encoding='gbk') as f:
    f.write(new_content)
```

　　运行程序后,系统使用说明文件中的内容已修正,样例如下:

　　OA 系统登录使用说明

　　根据公安部信息系统实现等级保护的工作要求,我校实行校园内网、外网分离,以保证校园网络安全。OA 系统今后将不能直接通过互联网访问,因此,用户在使用 OA 系统时需按使用情境,选择正确的打开方式。按照用户所在位置区分,访问方式分为校内访问和校外访问。按照用户使用设备区分,访问方式分为电脑客户端访问和移动客户端访问。下面分别列出不同访问方式的登录操作方法。

　　1.校内电脑客户端访问

　　(1)找到 OA 系统登录入口。

　　通过浏览器进入学院主页,选择"教师",即可跳转到 OA 系统登录页面。

　　(2)输入用户名和密码(用户名为教师的工号,默认密码为 abc123),进入 OA 系统主界面。

　　……

技能拓展

　　编写一个程序读取成绩表 score.csv 文件,并打印出分数低于 60 分的同学的名字。其中,score.csv 数据如下:

姓名,成绩

张丽,59

王林,62

李明,80

刘语,58

实现代码如下：

```
import csv
with open('score.csv','r',encoding="utf-8") as csvfile:
    reader = csv.DictReader(csvfile)
    for row in reader:
        if int(row['成绩'])<60:              # 对字典的键值做类型转换
            print(row['姓名'])               # 输出姓名
```

程序运行结果为：

张丽

刘语

任务 5.2　分词整理

分词整理

任务分析

在生成词云过程中,读取到文本数据后,要对文本进行分词整理。本任务通过使用读取文本文件"乡愁.txt",使用 jieba 的三种分词模式,对文本进行分词。本任务要求掌握 jieba 库的使用,并且能够熟练运用 jieba 库进行分词。

相关知识点

5.2.1　jieba 库基本介绍

jieba 库是优秀的中文分词第三方库。使用 jieba 库可以将中文文本分成单个的词语。jieba 分词的原理是利用一个中文词库,确定汉字之间的关联概率,汉字间概率大的组成词组,形成分词结果。jieba 是第三方库,使用之前需要安装,可使用 pip 工具进行安装。

```
pip install jieba
```

安装完成后,将 jieba 导入,就可以使用 jieba 进行分词操作。

```
import jieba
```

5.2.2　jieba 库的分词模式

jieba 库提供三种分词模式:精确模式、全模式、搜索引擎模式。

1. 精确模式

把一段文本精确地切分成若干个中文词语,若干个中文词语之间经过组合,又能够精确地还原为之前的文本,其中不存在冗余词语。

方法:jieba.cut()

格式:jieba.cut(str,cut_all=False)

说明:参数 str 表示需要切分的字符串,参数 cut_all 表示切分的模式。cut_all=False 表示使用精确模式进行切分,cut_all 默认值是 False,所以即使不写 cut_all 参数也表示精确模式。该函数返回一个可迭代的生成器。

精确模式还可以使用 jieba.lcut(),该方法与 jieba.cut()的用法相同,区别是 jieba.lcut()返回的是列表类型。

示例代码如下:

```
import jieba
strings = '今天天气很适合室外跑步'
seg = jieba.cut(strings,cut_all=False)        # 返回一个生成器
letters=','.join(seg)                          # 使用逗号连接生成的词语
print(letters)
```

程序运行结果为:

今天天气,很,适合,室外,跑步

2. 全模式

将文本中所有可能的词语都扫描出来,分词后的信息再组合起来会有冗余,不再是原来的文本。在全模式下,jieba 库会将各种不同的组合都挖掘出来。

方法:jieba.cut()

格式:jieba.cut(str,cut_all=True)

说明:参数 str 表示需要切分的字符串。参数 cut_all=True 表示使用全模式进行切分。返回一个可迭代的生成器。

全模式也可以使用 jieba.lcut(str,cut_all=True),该方法返回一个列表类型。

示例代码如下:

```
import jieba
strings = '今天天气很适合室外跑步'
seg = jieba.cut(strings,cut_all=True)         # 返回一个生成器
letters=','.join(seg)                          # 使用逗号连接生成的词语
print(letters)
```

程序运行结果为:

今天,今天天气,天天,天气,很,适合,室外,跑步

3. 搜索引擎模式

在精确模式的基础上,对长词语再次进行切分,进而适合搜索引擎对短词语的索引和搜索。这种模式也有冗余。

方法:jieba.cut_for_search()

格式:jieba. cut_for_search（str）

说明:参数 str 表示需要切分的字符串。返回一个可迭代的生成器。

示例代码如下:

```
import jieba
strings = '今天天气很适合室外跑步'
seg= jieba.cut_for_search(strings)
letters=','.join(seg)                    # 使用逗号连接生成的词语
print(letters )
```

程序运行结果为:

今天,天天,天气,今天天气,很,适合,室外,跑步

5.2.3 jieba 词频的统计

jieba 库提供了对文本中词频的统计的方法,使用时需要单独导入 jieba. analyse。

格式:jieba. analyse. extract_tags(str, topK＝x)

说明:参数 str 指文本中的字符串,topK＝x 表示统计词频最高的前 x 个词语。

示例代码如下:

```
import jieba. analyse
strings="苹果,香蕉,荔枝,菠萝,菠萝,葡萄,葡萄,葡萄"
result=jieba. analyse. extract_tags(strings, topK＝3)    # 统计词频最高的前 3 个词语
print(result)
```

程序运行结果为:

['葡萄','菠萝','荔枝']

假设对文本文件"乡愁. txt"的内容提取出现频率前三的词语。示例代码如下:

```
import jieba. analyse
with open("乡愁. txt",mode='r',encoding = "utf-8") as f:
    data =f. read()
top3=jieba. analyse. extract_tags(data, topK＝3)
print(top3)
```

程序运行结果为:

['乡愁','这头','那头']

✐ **任务实现**

利用 jieba 库对读取的文本文件进行分词,使用 3 种不同的分词模式对读取的文本文件内容进行分词,然后将分词的结果进行输出。

1.使用精确模式进行分词的代码如任务实现代码 5-2 所示。

任务实现代码 5-2:

```
import jieba
with open('乡愁. txt', 'r', encoding="utf-8") as f:
```

微 课

分词整理
任务实现

```
    strings = f.read()
    result = jieba.lcut(strings, cut_all=False)    # 精确模式
    print(result)
```

程序运行结果为：

['小时候', '\n', '乡愁', '是', '一枚', '小小的', '邮票', '\n', '我', '在', '这头', '\n', '母亲', '在', '那头', '\n', '长大', '后', '\n', '乡愁', '是', '一张', '窄窄的', '船票', '\n', '我', '在', '这头', '\n', '新娘', '在', '那头', '\n', '后来', '啊', '\n', '乡愁', '是', '一方', '矮矮的', '坟墓', '\n', '我', '在', '外头', '\n', '母亲', '在', '里头', '\n', '而', '现在', '\n', '乡愁', '是', '一湾', '浅浅的', '海峡', '\n', '我', '在', '这头', '\n', '大陆', '在', '那头']

2.使用全模式进行分词的代码如任务实现代码 5-3 所示。

任务实现代码 5-3：

```
import jieba
with open('乡愁.txt', 'r', encoding="utf-8") as f:
    strings = f.read()
    result = jieba.lcut(strings,cut_all=True)  # 全模式
    print(result)
```

程序运行结果为：

['小时', '小时候', '时候', '', '\n', '', '乡愁', '是', '一枚', '小小', '小小的', '邮票', '', '\n', '', '我', '在', '这', '头', '', '\n', '', '母亲', '在', '那', '头', '', '\n', '', '长大', '后', '', '\n', '', '乡愁', '是', '一张', '窄窄', '窄窄的', '船票', '', '\n', '', '我', '在', '这', '头', '', '\n', '', '新娘', '在', '那', '头', '', '\n', '', '后来', '啊', '', '\n', '', '乡愁', '是', '一方', '矮矮', '矮矮的', '坟墓', '', '\n', '', '我', '在外', '外头', '', '\n', '', '母亲', '在', '里头', '', '\n', '', '而', '现在', '', '\n', '', '乡愁', '是', '一', '湾', '浅浅', '浅浅的', '海峡', '', '\n', '', '我', '在', '这', '头', '', '\n', '', '大陆', '在', '那', '头']

3.使用搜索引擎模式进行分词的代码如任务实现代码 5-4 所示。

任务实现代码 5-4：

```
import jieba
with open('乡愁.txt', 'r', encoding="utf-8") as f:
    strings = f.read()
    result = jieba.lcut_for_search(strings)    # 搜索引擎模式
    print(result)
```

程序运行结果为：

['小时', '时候', '小时候', '\n', '乡愁', '是', '一枚', '小小', '小小的', '邮票', '\n', '我', '在', '这头', '\n', '母亲', '在', '那头', '\n', '长大', '后', '\n', '乡愁', '是', '一张', '窄窄', '窄窄的', '船票', '\n', '我', '在', '这头', '\n', '新娘', '在', '那头', '\n', '后来', '啊', '\n', '乡愁', '是', '一方', '矮矮', '矮矮的', '坟墓', '\n', '我', '在', '外头', '\n', '母亲', '在', '里头', '\n', '而', '现在', '\n', '乡愁', '是', '一湾', '浅浅', '浅浅的', '海峡', '\n', '我', '在', '这头', '\n', '大陆', '在', '那头']

任务 5.3　设置并输出词云

设置并输出词云

在生成词云过程中,完成数据读取与文本分词处理后,就可以进行词云生成。词云以可视化的展现方式,将文本中提取的文字绘制成图形,用高频关键词来传达大量文本数据背后的有价值的信息。本任务通过对文本文件"2021年政府工作报告.txt"的操作,生成词云图片,以此学习生成词云的方法。

生成词云的步骤如下:

1. 读取文本文件。

2. 使用 jieba 对文本进行分词。

3. wordcloud 通过配置对象参数,加载词云文本,输出词云文件。

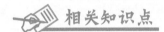

5.3.1　wordcloud 库介绍

wordcloud 是一个 Python 的第三方库,称为词云,也叫作文字云,是根据文本中词语出现的频率,对内容进行可视化展示,生成词云图片。

wordcloud 库使用之前需要安装,可以使用 pip 工具来进行安装。

pip install wordcloud

安装完成后,将 wordcloud 导入,就可以使用了。

import wordcloud

5.3.2　wordcloud 库常规方法

1. wordcloud. WordCloud( )方法

wordcloud 库把词云当作一个 WordCloud 对象,使用 wordcloud. WordCloud()方法创建一个词云对象。

格式:变量名＝wordcloud. WordCloud(＜参数＞)

可以使用参数,对词云进行设置,见表 5-3-1。

表 5-3-1　　　　　　　　　　wordcloud. WordCloud( )参数

参数	描述
width	画布宽度,默认为 400 像素
height	画布高度,默认为 200 像素
background_color	图片的背景色,默认为黑色
font_path	指定字体的文件路径,默认为 None

（续表）

参数	描述
mask	指定词云形状，默认为长方形
min_font_size	最小字号，默认为 4
max_font_size	最大字号，默认根据高度调节

2. w. generate( )方法

格式：w. generate(txt)，其中 w 为 WordCloud 对象。

功能：向 WordCloud 对象 w 中加载文本 txt。

3. w. to_file( )方法

格式：w. to_file(filename)

功能：将词云输出为图像文件。

使用以上 3 个方法，即可将用户自定义文本生成简单的词云，在文本中词语出现的次数越多，生成的图像中，其字体越大。示例代码如下：

```
from wordcloud import WordCloud
text = "monkey cat dog cat fish bird cat cat dog cat"
wc = WordCloud()                    # 不带参数,加载默认的参数
wc. generate(text)                  # 利用文本加载到对象
wc. to_file("动物. png")            # 输出图片
```

程序运行生成的词云图片如图 5-3-1 所示。

图 5-3-1　简单词云图片

在生成词云时，可以根据实际需要，通过参数设置，生成不同样式的词云图片。比如要生成白色背景，大小为 600 像素×400 像素的词云图片，可以在创建对象时对参数 background_color、width、height 设置相应的初值，控制生成的词云样式。示例代码如下：

```
from wordcloud import WordCloud
text = "monkey cat dog cat fish bird cat cat dog cat   "
wc = WordCloud(
    background_color='white',       # 指定背景颜色
    width=600,                      # 宽 600 像素
    height=400,                     # 高 400 像素
)
wc. generate(text)
wc. to_file("animal. png")          # 输出到文件
```

程序运行生成的词云图片如图 5-3-2 所示。

cat
monkey bird
fish dog

图 5-3-2　自定义参数生成词云

wordcloud 默认不支持中文字体，若使用中文字体生成词云，则生成中文词云时会呈现乱码。比如以下示例代码：

```
from wordcloud import WordCloud
text = "葡萄，苹果，香蕉，木瓜，木瓜，木瓜，木瓜，葡萄，苹果"
wc = WordCloud(
    background_color='white',          ♯ 指定背景颜色
    width=600,                         ♯ 宽 600 像素
    height=400,                        ♯ 高 400 像素
)
wc.generate(text)
wc.to_file("水果.png")
```

程序运行结果为乱码，如图 5-3-3 所示。

图 5-3-3　中文词云生成乱码

为避免在使用中文时产生乱码，需首先在电脑中下载中文字体，然后在 WordCloud()方法中加入"font_path"属性并赋值为下载的中文字体文件及其路径。比如使用仿宋字体(simfang.ttf)生成词云。示例代码如下：

```
from wordcloud import WordCloud
text = "葡萄，苹果，香蕉，木瓜，葡萄，葡萄，葡萄，葡萄，苹果，桔子，芒果，芒果，芒果，芒果"
wc = WordCloud(
    background_color='white',          ♯ 指定背景颜色
    font_path="simfang.ttf",           ♯ 指定中文字体
    width=600,                         ♯ 宽 600 像素
    height=400,                        ♯ 高 400 像素
)
wc.generate(text)
wc.to_file("水果.png")
```

输出结果如图 5-3-4 所示。

图 5-3-4　中文词云生成示例

任务实现

从网络下载《2021 年政府工作报告》，读取文本文件的内容，对内容进行分词，生成词云图片，实现代码如任务实现代码 5-5 所示。

任务实现代码 5-5：

```
import jieba
from wordcloud import WordCloud
with open('2021 年政府工作报告.txt', 'r', encoding="utf-8") as f:
    text=f.read()
cut_text = jieba.cut(text)
result = "".join(cut_text)
wc = WordCloud(
    font_path="C:\simfang.ttf",           # 设置中文字体
    background_color='white',              # 设置图片背景色
    width=600,                             # 设置宽度
    height=400,                            # 设置高度
    min_font_size=20,                      # 设置最小的字号
    mode='RGBA'                            # 参数为"RGBA"且 background_color 不为 None,背景为透明
)
wc.generate(result)
wc.to_file("政府工作报告词云图.png")
```

设置并输出词云
任务实现

程序运行生成的词云图片如图 5-3-5 所示。

图 5-3-5　政府工作报告词云图

任务 5.4 生成有形词云

任务分析

在前面任务中,已经生成了词云,但是词云的形状都是固定的,如果需要生成更为漂亮的词云,还需要进一步对词云进行参数设置。本任务要实现生成具有特定形状的有形词云。同时,在实际使用中可能需要对词云图片文件位置进行管理,本任务中会学习文件与目录管理。

相关知识点

5.4.1 图片读取库 imageio

imageio 是一个 Python 自带库,它提供了一个简单的接口来读取和写入大量的图像数据,包括动画图像、体积数据和科学格式。

用法:imageio.imread()

功能:从指定的文件读取图像。返回一个 NUMPY 数组,该数组带有元数据的元属性。示例代码如下:

```
from imageio import imread        # 引入 imageio 库的 imread
backgroud_Image = imread('cat.png')   # 读取图片
print(backgroud_Image.shape)      # 输出图片的形状
```

程序运行结果为:

(435, 478, 4)

5.4.2 os 模块

在 Python 中,可以通过 os 模块对文件目录进行创建,重命名,删除,改变路径,查看目录内容等操作,下面介绍常用的方法。

1. os.mkdir( )

功能:创建一级目录。示例代码如下:

```
import os
# 创建目录
os.mkdir('测试目录')
```

2. os.rmdir( )

功能:删除目录。示例代码如下:

```
import os
# 删除目录
os.rmdir('测试目录')
```

3. os. getcwd( )

功能：获得当前目录。示例代码如下：

```
import os
# 获得当前目录
path＝os. getcwd()
print('运行本程序所在目录是：' ＋ path)
```

4. os. path. exists( )

功能：判断文件是否存在，存在返回 True，否则返回 False。示例代码如下：

```
import os
# 判断文件是否存在
if(os. path. exists("test"))：
    print('文件存在')
else：
    print('文件不存在')
```

5. os. listdir( )

功能：获取指定目录中的内容。示例代码如下：

```
import os
# 查看 C 盘下有哪些内容
os. listdir('C：/')
```

6. os. chdir( )

功能：切换到指定的目录。示例代码如下：

```
import os
# 切换到 D 盘根目录
os. chdir('D：/')
```

7. os. rename( )

格式：rename("旧文件名","新文件名")

功能：重命名文件。示例代码如下：

```
import os
# 将"01. txt"重命名为"0.2txt"
os. rename("01. txt"," 02. txt")
```

8. os. remove( )

功能：删除指定的文件。示例代码如下：

```
import os
# 删除文件" 02. txt "
os. remove(" 02. txt")
```

5.4.3 shutil 模块

shutil 模块提供了大量的文件的高级操作。特别针对文件拷贝和删除，主要功能为目录和文件操作以及压缩操作。

1. shutil. copy( )

格式：shutil. copy('源文件','目标地址')

功能：复制文件。示例代码如下：

```
import shutil
# 将 hellow. txt 复制到 D 盘根目录
shutil. copy('C:/python/hellow. txt','D:/')
```

2. shutil. move( )

格式：shutil. move('源文件','目标地址')

功能：移动文件。示例代码如下：

```
import shutil
# 将 hellow. txt 移动到 D 盘根目录
shutil. move('C:/python/hellow. txt','D:/hellow. txt')
```

3. shutil. copytree( )

格式：shutil. copytree('源目录','目标目录')

功能：复制目录。示例代码如下：

```
import shutil
# 将 C 盘下 python 目录中的内容复制到 D 盘下的 Python3 目录中
shutil. copytree('C:/python', 'D:/python3')
```

4. shutil. rmtree( )

格式：shutil. rmtree(目标目录)

功能：可以递归删除目录下的目录及文件。示例代码如下：

```
import shutil
# 递归删除目录 C:/python/test
shutil. rmtree('C:/python/test')
```

5. shutil. make_archive( )

格式：shutil. make_archive('文件名','打包的格式','打包的目录')

功能：对文件进行压缩打包,打包格式可以是"zip"，"tar"，"bztar"，"gztar"。示例代码如下：

```
import shutil
# 将目录水果打包成水果. zip
shutil. make_archive('水果','zip','./水果')
```

任务实现

读取《2021 年政府工作报告》文本文件内容,对文本进行分词,将分词的内容生成以五角星为形状的词云图,代码如任务实现代码 5-6 所示。

任务实现代码 5-6：

```
import jieba
import os
import shutil
```

生成有形词云
任务实现

```
import jieba
from wordcloud import WordCloud
from imageio import imread
with open('2021年政府工作报告.txt','r',encoding="utf-8") as f：
    text＝f.read()
cut_text = jieba.cut(text)
result = " ".join(cut_text)
backgroud_Image = imread('star.jpg')        ＃ 读取图片
wc = WordCloud(
    font_path="simfang.ttf",         ＃ 处理中文字体
    mask=backgroud_Image,             ＃ 设置背景图片
    background_color='white',         ＃ 设置词云的背景色
    width=600,                        ＃ 宽度设置
    height=400,                       ＃ 高度设置
    max_font_size=50,                 ＃ 最大字号,默认根据高度调节
    min_font_size=10,                 ＃ 最小字号,默认为4
    mode='RGBA'                       ＃ 图像的模式
)
wc.generate(result)                   ＃ 生成词云图
wc.to_file("政府工作报告词云图.png")       ＃ 写入文件
f=os.path.exists("词云图")              ＃ 判断文件夹是否存在
if not f：                            ＃ 如果"词云图"目录不存在,则创建该文目录
    os.mkdir("词云图")
＃ 移动到词云图目录
shutil.move("政府工作报告词云图.png","./词云图/政府工作报告图.png")
＃ 将词云图目录中的内容打包成 词云图压缩文件.zip
shutil.make_archive('词云图压缩文件','zip','./词云图')
```

生成的词云如图 5-4-1 所示。

图 5-4-1　五角星词云

通过对"2021年政府工作报告"的词云绘制,报告中的高频词汇以醒目的方式显示,有利于及时了解国家的方针政策。作为当代大学生,应该关心国内外大事,尤其是要关注与国家民族荣誉、利益和国计民生相关的重大时事。要具有强烈的爱国主义情感与民族自信心,将强烈的爱国热情进一步转换成增强国力的坚强意志,进一步转换成为抓住机遇、加快发展的具体行动,自觉把爱国情感同祖国的前途命运紧密联系在一起。

项目小结

本项目通过编写词云程序讲解 Python 中的文件操作的相关知识,其中包含文本文件的读写、jieba 分词库,wordcloud 词云库的使用方法。通过读取文件,对读取的内容进行分词,利用分词的结果,最终生成了有形的词云程序。

习　题

一、选择题

1.在 Windows 系统中,open()函数默认打开的 encoding 是(　　)。

A. Unicode　　　　B. gbk　　　　C. utf-8　　　　D. ASCII 码

2.open()函数默认打开的 mode 模式是(　　)。

A. 只读　　　　B. 写　　　　C. 追加　　　　D. 二进制模式

3.打开一个已有文件,然后在文件末尾添加信息,正确的打开方式为(　　)。

A. 'r'　　　　B. 'w'　　　　C. 'a'　　　　D. 'w+'

4.写入文本文件的数据类型必须是(　　)。

A. 逻辑型　　　　B. 浮点数　　　　C. 字符型　　　　D. 数值型

5.CSV 文件使用的分隔符是(　　)。

A. 逗号　　　　B. 句号　　　　C. 分号　　　　D. 引号

6.下列选项中,(　　)用于读取一行内容。

A. file. read()　　B. file. read(200)　　C. file. readline()　　D. file. readlines()

7.下列方法中,用于获取当前目录的是(　　)。

A. getPath　　　　B. getDir　　　　C. getcwd　　　　D. getmtime

8.下列方法中,用于获取指定目录中的内容的是(　　)。

A. os. listdir　　B. os. mkdir　　C. os. rmdir　　D. os. getdir

二、判断题

1.文件打开的默认方式是写模式。　　　　　　　　　　　　　　(　　)

2.以'w'模式打开一个可读写的文件,如果文件已经存在,则会被覆盖。(　　)

3.with 语句可以自动调用 close()方法。　　　　　　　　　　(　　)

4.read()方法默认一次性读取文件中的所有数据。　　　　　　(　　)

5.读取 CSV 的 reader()方法,返回值是一个 list。   （   ）

6.WordCloud 对象默认支持中文。   （   ）

7.jieba 分词精确模式的参数中 cut_all＝False。   （   ）

三、编程题

1.编程实现:读取一个文件,显示除了以'@'符号开头的行以外的所有行。

2.编程实现:在 D 盘下的工资文件夹中批量创建 1～12 月的工资数据文件夹。如:1 月工资数据。

3.编程实现:读取一个文本文件,生成以菱形为形状的词云图。

项目 6

编写电子宠物程序

电子宠物这个说法从 20 世纪八九十年代就已经出现且风靡一时,当时电子宠物其实特指一种通过模仿各种小动物特征和行为开发出来并具备宠物特征的电子玩具。如今,几十年过去了,随着科学技术的飞速发展,电子宠物的定义也被极大地拓宽,除了电子玩具之外,还有软件定义的电子宠物也多次兴起,且在年轻人中激起了很大的风波,如 QQ 宠物、蚂蚁庄园、青蛙旅行等。

本项目要求完成编写软件定义的电子宠物。通过编写电子宠物程序让读者理解面向对象编程思维和思路,掌握类、继承、抽象、方法、属性和对象的概念,理解类和对象的关系,掌握如何根据实际情况创建类、属性和方法,能够根据类创建对象、调用属性和方法。并且要求读者掌握类的继承、构造方法、方法的重写等知识点。

学习目标

1. 理解面向对象编程的概念和基本思想。
2. 掌握类的概念和类的定义。
3. 掌握类中属性和方法的定义。
4. 掌握类的继承。
5. 掌握抽象类的定义与使用。

任务 6.1　创建电子宠物模板

创建电子宠物模板

 任务分析

随着社会的发展,人们生活水平和素质理念不断提高,生活节奏加快,工作压力、生活压力、学习压力增大,人们都愿意养一只宠物来排解压力。而在现实生活中,由于缺乏场地和时间喂养小动物,所以,电子宠物就成了人们不错的选择。本任务要求读者全面理解面向对象编程思想,掌握类和对象的概念以及类和对象的关系,并且能够根据所学知识点创建一个电子宠物类。在类中至少包含一个属性和一个方法,然后通过类创建电子宠物对象,并对属性和方法进行调用。

相关知识点

6.1.1　面向对象编程概述

1. 面向对象编程

编程思维分为面向过程编程和面向对象编程两种。面向过程的程序设计的核心是过程，即解决问题的步骤，运行程序时按照步骤完成指定功能，所以程序员只需按照预定的逻辑进行堆叠代码。这种方式的优点是降低了写程序的复杂度，缺点是维护性差，可扩展性差。面向对象的程序设计的核心是对象（类的实例），在面向对象编程思维中，将方法和属性进一步封装成类，把类作为程序的基本元素，它将数据和操作紧密地联结在一起，并保护数据不会被外界的方法意外地改变。这种编程方法的优点是代码的复用率高，扩展性强，缺点是代码逻辑性强，难于理解。

2. 对象（object）

对象是现实世界中实际存在的某个具体实体，即万物皆对象，它不仅能表示具体的事物，还能表示抽象的规则、计划或事件。对象包含特征和行为，即属性和方法。例如，某一个人作为对象具有姓名、性别、年龄、身高等特征，具备说话、学习、工作、睡觉的行为。

3. 类（class）

类是对具有相同特征（数据元素）和行为（功能）的对象的抽象，是对客观世界的事物的归纳和分类。将具有某种特征和行为的对象集合起来，归纳成为一类。类是抽象的，对象是具体的，对象是类的实例。

4. 类与对象的关系

通过类和对象的概念可以得知，类是对象的抽象，而对象是类的实例。特征抽象为类的属性，行为抽象为类的方法。例如，所有的人都可以归为人类，都拥有姓名、性别、年龄、身高等特征，都拥有吃饭、唱歌、睡觉等行为，这些特征和行为都是根据每一个具体的人的特征和行为抽象而来的，是所有人共有的。而张三则是这个类的一个具体实例（对象），他拥有具体的姓名、性别、身高等属性和吃饭、唱歌、睡觉等方法。类和对象的关系如图 6-1-1 所示。

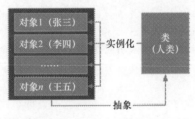

图 6-1-1　类和对象的关系

类与对象这部分内容从哲学上体现了联系的普遍性，任何事物内部的各个部分要素是相互联系的，这种联系使得事物成为有机的整体。任何事物都与周围其他事物相互联系着，这种联系是该事物存在和发展的条件。整个世界是一个相互联系的统一整体，没有任何一个事物是孤立存在的。中国的发展离不开世界，世界的繁荣也需要中国，充分体现了整个世界处于普遍联系之中。如今世界处于各国彼此联系和彼此依存的经济全球化时代，"你中有我，我中有你"的命运共同体越来越成为人类需要的模式。

6.1.2 初识类的创建

1. 类的定义

定义类必须使用关键字 class 开头，之后跟一个类名，以冒号结尾。类的命名方法与变量的命名方法相同，需要遵循大驼峰命名法。定义类的基本语法如下：

```
class 类名：
    # 成员属性 1
    # 成员属性 2
    # ...
    # 成员方法 1
    # 成员方法 2
    # ...
```

2. 创建对象

对象是类的实例，例如人类就是根据无数个实际的人所共有的特征和行为抽象出来的一个类，而某一具体的人（例如张三）就是这个类的一个对象，这个对象拥有人类中定义的属性和方法。创建对象的语法为"对象名 = 类名()"，创建对象后，就可以通过点记法调用类的属性和方法。属性的调用语法为"对象名.属性名"，方法的调用语法为"对象名.方法名()"。

例如，定义一个 MyString 类，定义一个属性为 myStr，并对 myStr 赋初始值，再定义一个 myPrint() 方法，最后通过 MyString 类初始化一个实例对象，并对属性 myStr 和方法 myPrint() 进行调用。示例代码如下：

```
# -*- coding：utf-8 -*-
class MyString：              # 定义类
    myStr = "我爱你中国"         # 定义成员属性
    def myPrint(self)：        # 定义成员方法
        print(self.myStr)
ms1 = MyString()             # 创建实例
ms1.myPrint()                # 调用类的成员属性
print(ms1.myStr)             # 调用类的成员方法
```

程序运行结果为：

我爱你,中国!

我爱你,中国!

3. 关键字 self

由以上代码可以看出，成员方法 myPrint() 中含有一个参数 self，这也是类的成员方法和普通方法的区别。类的成员方法必须含有一个参数 self，并且要位于参数列表的第一个位置，用于代表类的实例（对象）本身，也可以使用 self 引用类的属性和成员方法。

任务实现

编写一个电子宠物狗类 Dog,定义 legs、eyes、ears 三个属性,定义 bark、hobby、wagTail 和 guardHouse 四个方法,并对属性和方法进行调用,在控制台打印结果。示例代码如任务实现代码 6-1 所示。

微课

创建电子宠物模板
任务实现

任务实现代码 6-1

```
# - * - coding：utf-8 - * -
class Dog：
    # 定义属性
    legs = 4          # 4 条腿
    eyes = 2          # 2 只眼睛
    ears = 2          # 2 只耳朵
    # 定义方法
    def bark(self)：
        print("狗狗会汪汪叫...")
    def hobby(self)：
        print("狗狗的爱好是拆家!")
    def wagTail(self)：
        print("狗狗会摇尾巴!")
    def guardHouse(self)：
        print("狗狗会帮主人看家!")
# 创建实例对象
dog1 = Dog()
# 调用属性,并进行打印
print("狗狗有{0}条腿,{1}只眼睛和{2}只耳朵"
    .format(dog1.legs, dog1.eyes, dog1.ears))
# 调用方法
dog1.bark()
dog1.hobby()
dog1.wagTail()
dog1.guardHouse()
```

程序运行结果为:

狗狗有 4 条腿,2 只眼睛和 2 只耳朵

狗狗会汪汪叫...

狗狗的爱好是拆家!

狗狗会摇尾巴!

狗狗会帮主人看家!

技能拓展

在 Python 语言中,类可以通过"点记法"给一个实例赋予任意属性,即通过"对象名.属性名 = 值"来为属性赋值,这个值可以是任意的,如 Python 内置的数据类型、其他的

对象甚至是一个函数或者是另一个类。

例如，创建了一个没有任何属性和方法的 Cat 类。然后创建了这个 Cat 类的两个实例(对象)，并且给每个实例(对象)赋予一个名字 name 和年龄 age，然后打印每个实例(对象)的名字和年龄。示例代码如下：

```python
# -*- coding：utf-8 -*-
class Cat：
    pass
c1 = Cat()              # 创建 Cat 类的实例(对象)
c1. name = "果冻"        # 创建任意实例属性,这个属性是类本身没有的
c1. age = 2             # 创建任意实例属性
print("我叫%s,我%d 岁了!"%( c1. name, c1. age))
c2 = Cat()              # 创建 Cat 类的实例(对象)
c2. name = "壮壮"        # 创建任意实例属性
c2. age = 3             # 创建任意实例属性
print("我叫%s,我%d 岁了!"%( c2. name, c2. age))
```

程序运行结果为：

我叫果冻,我 2 岁了!

我叫壮壮,我 3 岁了!

任务 6.2　创建宠物属性和方法

微课

任务分析

创建宠物属性和方法

属性是人们根据世间万物中某一类个体的共性所抽象出来的某种特征,如人们从人类抽象出名字、年龄、身高、体重等,其中的每一个个体都是一个实例或者一个对象,而方法就是这些个体共有的行为,即编程语言中的函数,如人类会学习、锻炼、工作、吃饭、睡觉等。属性和方法是面向对象编程的重要组成部分。

本任务要求读者通过学习属性和方法,创建 Cat 类,然后根据实际情况合理创建类属性和实例属性,并为 Cat 类创建相应的类方法、实例方法、静态方法,然后对不同的属性和方法进行调用,在控制台打印结果。

相关知识点

6.2.1　属性(数据)

属性指的是事物的性质,用于描述某种事物或某个对象本身的特征,例如某个人的姓名、年龄、身高、体重等。在 Python 面向对象编程中,属性分为类属性和实例属性两种。

1. 类属性

类属性就相当于全局变量,是实例对象共有的属性,例如 Dog 类的 legs 属性,所有的狗都是 4 条腿,所以 legs 属性可以定义为类属性。类属性可以通过类或类的实例访问

到,但是类属性只能通过类对象(类本身也可以看作一个对象)来修改,无法通过实例对象修改。代码如下所示,"legs"属性都属于 Dog 类的共享的属性,定义为类属性,Dog 类和实例对象 d1 都能够访问这个属性,但是只有 Dog 类才能修改这个属性,实例对象 d1 无法修改这个属性。

```
class Dog:
    legs = 4                ♯ 类属性
d1 = Dog()
d1.legs = 5                 ♯ 修改属性 legs 的值,相当于重新定义了一个相同名字的属性,而不是
                            修改的类中的属性值
print("d1 对象的腿的数量为:", d1.legs)    ♯ 打印 legs 属性
print("Dog 类的腿的数量为:", Dog.legs)    ♯ 打印 legs 属性,该属性的值还是原来的"4",证明
                            d1 对象修改无效
```

程序运行结果为:

d1 对象的腿的数量为:5

Dog 类的腿的数量为:4

2. 实例属性

实例属性是所有对象都拥有的,但是属性的值是每个对象都不相同的,是每个对象自己私有的。例如每个人的名字(name),年龄(age)等,每个人都有,但是每个人的名字和年龄都不一定相同,这样的属性叫实例属性。

实例属性可以在类中定义,也可以通过实例对象自定义添加。实例属性只能通过实例对象访问和修改,类对象无法访问和修改。示例代码如下所示,狗的名字"name"属性只能通过实例对象 d1 来修改,无法通过 Dog 类来修改。

```
♯ - * - coding:utf-8 - * -
class Dog():
    legs = 4
    def __init__(self, name, age, sex):    ♯ 添加实例属性 name、age、sex
        self.name = name
        self.age = age
        self.sex = sex
d1 = Dog("贝贝", 3, "男")
d1.color = "yellow"                 ♯ 自定义实例属性
♯ Dog.name = "阿黄"                 ♯ 错误,不能通过类修改实例属性
♯ 打印 d1 对象的属性
print("我叫{0},我{1}岁了,我是{2}狗".format(d1.name, d1.age, d1.sex))
print("我的毛色为:", d1.color)       ♯ 打印自定义实例属性
```

程序运行结果为:

我叫贝贝,我 3 岁了,我是男狗

我的毛色为:yellow

3. 属性的查找流程

当调用一个实例的属性时,解析器会先在当前实例中寻找是否含有该属性,如果有则

直接返回当前实例中的属性值,如果没有则去当前实例的类对象中查找,如果有,该属性就返回该属性值;如果没有,解析器会报错。示例代码如下:

```
# -*- coding：utf-8 -*-
class Dog：
    legs = 4                        # 类属性
    color = "yello"                 # 类属性
d1 = Dog()                          # 创建对象 d1
d1.color ="black"
d2 = Dog()                          # 创建对象 d2
print("d1 的颜色为：", d1.color, "，d2 的颜色为：", d2.color)
```

程序的运行结果为:

d1 的颜色为：black，d2 的颜色为：yello

6.2.2 方法(行为)

方法(函数)指一段可以直接被另一段程序或代码引用的程序或代码,用于描述某个对象的行为,例如人会吃饭、工作、学习等。方法的使用可以极大地减少代码的重复率。在面向对象编程中,方法包括实例方法、类方法、静态方法、魔术方法、抽象方法等。

1. 实例方法

实例方法至少包含一个对象参数,且对象参数必须放在参数的第一个位置,通常使用"self"。在类的内部通过"self.方法名()"调用,在外部通过"对象名.方法名()"调用。执行时,自动将调用方法的对象作为参数传入。语法如下:

```
def 方法名(self, 参数 1, 参数 2, 参数 3…)：
    # 方法体
```

例如,编写一个 Dog 类,在类中定义一个实例方法,并在类的内部和类的外部分别调用,运行并观察调用结果。示例代码如下所示,在类的外部不能使用"类名.方法名()"调用"gnawBone()"方法,否则会报错。

```
# -*- coding：utf-8 -*-
classDog：
    def __init__(self)：
        print("小狗汪汪叫...")
        self.gnawBone()            # 内部调用时使用"self.方法名()"
    def gnawBone(self)：           # 定义实例方法
        print("小狗啃骨头!")
d1 =Dog()                          # 会调用初始化方法__init__(),接下来会讲到该知识点
d1.gnawBone()                      # 外部调用通过对象名.方法名()调用
# Dog.gnawBone()                   # 错误,类名.方法名调用会报错
```

程序运行结果为:

小狗汪汪叫...

小狗啃骨头!

小狗啃骨头!

2. 类方法

类方法至少包含一个类参数，由类调用。调用类方法时，自动将调用该方法的类作为参数传入。定义类方法时必须在前面加上"@classmethod"装饰器，第一参数必须为类对象，参数通常为"cls"，用于表示当前类。类方法只能访问类变量，不能访问实例变量。使用类方法时，既可以通过"对象名.类方法名()"来调用，也可以通过"类名.类方法名()"来调用。类方法通常用于定义与类相关而与具体对象无关的操作。语法如下：

```
@classmethod
def 方法名(cls, 参数 1, 参数 2, 参数 3…):
方法体
```

例如，所有狗狗都喜欢啃骨头，在编写 Dog 类时，啃骨头的方法就可以定义为类方法。示例代码如下：

```
# - * - coding：utf-8 - * -
class Dog：
    legs = 4
    def __init__(self, name)：          # 添加实例属性
        self. name = name
    @classmethod                       # 定义类方法
    def gnawBone(cls)：
        print("小狗有{0}条腿". format(cls. legs))      # 类方法可以访问类属性
        # 错误，静态方法不能访问实例属性，即不能访问 name 属性
        # print("小狗的名字叫{0}". format(cls. name))
        print("小狗啃骨头!")
Dog. gnawBone()                        # 可以通过类名.方法名()调用，这是与实例方法不同之处
d1 = Dog("阿黄")
d1. gnawBone()                         # 也可以通过对象名.方法名()调用
```

程序运行结果为：

小狗有 4 条腿
小狗啃骨头!
小狗有 4 条腿
小狗啃骨头!

3. 静态方法

静态方法由类或对象直接调用，对象没有特殊要求。定义静态方法时必须在前面加上"@staticmethod"装饰器，形式上与普通方法没有区别。静态方法不能访问类属性，也不能访问实例属性。调用时，既可以使用"类名.静态方法名()"来调用，也可以使用"对象名.静态方法名()"来调用。静态方法主要作为一些工具方法，与类和对象无关。语法如下：

```
@staticmethod
def 方法名(无参数或自定义参数)：
方法体
```

示例代码如下：

```
# -*- coding：utf-8 -*-
class Dog:
    legs = 4
    def __init__(self, name):        # 添加实例属性
        self.name = name
    @staticmethod                    # 定义类方法
    def gnawBone():
# print("小狗有{0}条腿".format(cls.legs))    # 错误,静态方法不能访问类属性
# 错误,类方法不能访问实例属性
# print("小狗的名字叫{0}".format(cls.name))
        print("小狗啃骨头!")
Dog.gnawBone()                       # 可以通过类名.方法名()调用
d1 = Dog("阿黄")
d1.gnawBone()                        # 也可以通过对象名.方法名()调用
```

程序运行结果为：

小狗啃骨头!

小狗啃骨头!

4. 魔术方法 __new__() 和 __init__()

魔术方法是 Python 内置方法,不需要主动调用,存在的目的是给 python 的解释器进行调用。魔术方法格式通常将方法名以双下划线开头,并以双下划线结尾,如"__方法名__()"。

在 Python 编程语言中,有两个特殊的魔术方法,__new__() 和 __init__(),这两个方法用于创建对象和初始化对象。当实例化一个对象时,首先调用的是 __new__() 方法,当 __new__() 创建完对象后,将该对象传递给 __init__() 方法中的 self 参数,__init__() 的作用是初始化对象状态。这两个方法都是在实例化时自动调用的,不需要程序显示调用。

__new__() 方法是在 Object 类中定义的,该方法至少需要一个参数 cls,表示要实例化的类。该方法有返回值,返回一个实例化的对象。这两个方法的调用顺序示例代码如下：

```
# -*- coding：utf-8 -*-
class Cat:
    def __new__(cls):
        print("我是喵喵!")
        # 调用父类的__new__()方法返回一个对象
        return super().__new__(cls)
    def __init__(self):
        print("我要吃饭!")
c1 = Cat()              # 创建对象时先调用__new__()方法,再调用__init__()方法
```

程序运行结果为：

我是喵喵!

我要吃饭!

在以上代码中,只是通过 Cat 类创建了一个 c1 对象,运行时打印__new__()方法和 __init__()方法中的内容,由此可以看出,创建对象时先调用了__new__()方法,返回一个 对象,然后再调用__init__()方法,并将对象传给__init__()方法的 self 参数。

在实际使用过程中,如果初始化时要求传入对象的某些属性值,也可以根据实际情况 将__init__()方法进行重写,初始化对象时就可以将对象的属性值以实参形式传递给 __init__()方法,完成对象的初始化。示例代码如下:

```python
# - * - coding: utf-8 - * -
class cat:
    def __init__(self, name, age):    # 从写__init__()方法,确定形参
        self. Name = name
        self. Age = age
c1 = cat("叮当", 3)                    # 初始化对象,传入实参
print("我叫{},我{}岁了". format(c1. Name, c1. Age))
```

程序运行结果为:

我叫叮当,我 3 岁了

5.魔术方法__str__()

在 Python 编程语言中,__str__()方法用于输出打印对象时,提供输出内容,如果重 写该方法后,当打印对象时就会输出该方法中 return 返回的数据。示例代码如下:

```python
# - * - coding: utf-8 - * -
class Dog:
    def __init__(self, name, age):
        self. name = name
        self. age = age
    def __str__(self):              # 重写__str__()方法
        return "我的名字叫{0},我今年{1}岁了". format(self. name, self. age)
d1 = Dog("大壮", 3)
print(d1)                           # 打印对象时,将会输出__str__()方法返回的值
```

程序运行结果为:

我的名字叫大壮,我今年 3 岁了

📝 任务实现

编写一个电子宠物狗类 Dog,定义类属性 legs、eyes、ears,定义实例属性 name、 varieties、color;定义类方法 gnawBone(),定义实例方法 bark(),定义静态方法 wagTail(), 使用魔术方法__str__()将对象的实例属性返回,最后打印输出,分别调用 Dog 类中的类 方法、实例方法和静态方法。示例代码如任务实现代码 6-2 所示。

任务实现代码 6-2

```python
# - * - coding: utf-8 - * -
class Dog:
    # 定义类属性
    legs = 4
```

微课

创建宠物属性和方法 任务实现

```
        eyes = 2
        ears = 2
        # 定义实例属性
        def __init__(self, name, varieties, color):
            self.name = name              # 名字
            self.varieties = varieties    # 品种
            self.color = color            # 颜色
        # 定义实例方法
        def bark(self):
            # 实例方法中访问实例属性
            print("我是{0},我呜呜叫...".format(self.varieties))
        # 定义类方法
        @classmethod
        def gnawBone(cls):
            # 类方法中访问类属性
            print("我们都有{0}条腿,{1}只眼睛和{2}只耳朵".format(cls.legs, cls.eyes, cls.ears))
            print("我们都喜欢啃骨头!")
        # 定义静态方法
        @staticmethod
        def wagTail():
            print("我们开心就摇尾巴!")
        # 重写魔术方法__str__()
        def __str__(self):
            return "我的名字叫{0},我是{1},我的颜色是{2}".format(self.name, self.varieties, self.color)
    d1 = Dog("大壮", "哈士奇", "黑色")
    d1.bark()                     # 调用实例方法
    d1.gnawBone()                 # 调用类方法
    d1.wagTail()                  # 调用静态方法
```

程序运行结果为：

我是哈士奇,我呜呜叫...

我们都有 4 条腿,2 只眼睛和 2 只耳朵

我们都喜欢啃骨头!

我们开心就摇尾巴!

技能拓展

属性和方法的访问权限。属性和方法的权限指的是类和对象访问属性和方法时的权限。例如,在 Java 语言和 C# 语言中,通过 public 修饰的属性和方法叫公共属性或公共方法,可以在类的外部进行调用,而通过 private 修饰属性和方法,叫私有属性和私有方法,只允许在类的内部进行调用,不允许在类的外部使用。

在编程过程中,对于一些敏感的数据,我们不希望直接被函数调用,或者不希望被外界通过 object.key = value 来修改,或者对于一些方法,我们不希望被外界调用,此时可以选择将属性或方法声名为私有属性或私有方法,这样的属性或方法就不会被外界调用了。在人们的生活中,每个人都有自己的隐私,如身份证号、电话号码等,如果这些信息发生泄露,有可能会被不法分子利用,导致电信诈骗等严重后果。为了保护自己的隐私不被泄露,每个人都应该提高警惕,不要轻易在不知名的网站上注册信息,废弃的资料先销毁再扔掉,养成注重隐私信息保护的习惯。在编写代码时,也需要谨慎,弄清楚哪些属性和方法不能被外界调用,不给违法犯罪分子留下可乘之机。

在 Python 语言中,也有属性和方法的访问权限这个概念,但是没有 public 和 private 这样的修饰符。那么,Python 语言使用什么来控制属性和方法的访问权限呢?Python 语言通常通过双下划线"__"来控制属性和方法的访问权限。在定义属性和方法时,如果没有加双下划线,则被定义为公有属性和公有方法,如果加了双下划线,则被定义为私有属性和私有方法。示例代码如下:

```python
# -*- coding: utf-8 -*-
class Dog:
    legs = 4                                # 公有类属性
    __number = 0                            # 私有类属性
    def __init__(self, name, age, privateTest):    # 实例属性
        self.name = name
        self.age = age
        self.__privateTest = name           # 私有的实例属性
    def bark(self):                         # 公有方法
        print("狗狗汪汪叫...")
    def __privateFunc(self):
        print("私有方法测试!")
d1 = Dog("阿黄", 3, "私有属性")
print(d1.__privateTest)                     # 错误,私有属性不允许在外部调用
d1.__privateFunc()                          # 错误,私有方法不允许在外部调用
```

执行 print(d1.__privateTest)代码时,程序运行结果为:

```
Traceback (most recent call last):
  File "E:/pythonProgrames/Demo/Properties.py", line 101, in <module>
    print(d1.__privateTest)            # 错误,私有属性不允许在外部调用
AttributeError: 'Dog' object has no attribute '__privateTest'
```

执行 d1.__privateFunc()代码时,程序运行结果为:

```
Traceback (most recent call last):
  File "E:/pythonProgrames/Demo/Properties.py", line 102, in <module>
    d1.__privateFunc()                 # 错误,私有方法不允许在外部调用
AttributeError: 'Dog' object has no attribute '__privateFunc'
```

任务 6.3　电子宠物的继承

任务分析

　　面向对象编程(OOP)语言的一个主要功能就是继承。继承是面向对象编程的重要特征之一,也是实现"代码复用"的重要手段。本任务要求读者学习并掌握类的继承之后,创建父类 Pet,两个子类 Dog 和 Cat。两个子类要对父类的方法进行重写,使用 print 打印输出时要能输出实例对象的全部属性,再创建一个类 PetSop,用于存放宠物和打印宠物列表。

相关知识点

6.3.1　继承概述

　　所谓继承,在汉语言文学中被解释为后人通过祖先或者前辈的传承而获得的某样事物,是一种品质、特质或其他物质的所有物。在庆祝中国共产党成立 100 周年大会上,习近平总书记精辟概括了以"坚持真理、坚守理想,践行初心、担当使命,不怕牺牲、英勇斗争,对党忠诚、不负人民"为内涵的伟大建党精神,鲜明指出"这是中国共产党的精神之源"。国家强盛、民族复兴需要物质文明的积累,更需要精神文明的升华。迈进新征程、奋进新时代,作为新时代中国特色社会主义的建设者和接班人,我们要弘扬光荣传统、赓续红色血脉,继承和发扬伟大建党精神,为实现中华民族伟大复兴凝聚起强大精神力量。

　　面向对象编程语言的主要功能之一就是继承。在 Python 语言中,继承指的是现有的类没有进行任何编写的情况下去获取到其他类所拥有的属性和方法的能力。通过继承创建的类叫子类或派生类,被继承的类叫父类或基类。继承的过程就是从一般到特殊的过程。在 Python 编程语言中,多个子类可以继承一个父类,一个子类也可以继承多个父类。继承过程如图 6-3-1 所示。

　　在类的使用和继承过程中,创建对象需要用到的工具是类,而创建类需要使用到的工具是元类,其关系如图 6-3-2 所示。

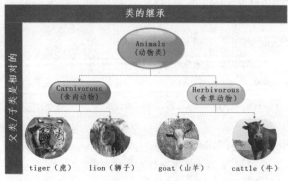

图 6-3-1　继承

图 6-3-2　继承原理

6.3.2 继承的类型

1. 单继承

单继承指的是子类只继承一个父类,拥有父类的所有属性和方法(私有属性和私有方法除外),子类可以直接使用父类中的方法和属性,并根据自己的职责,编写子类特有的属性和方法。单继承的语法为:"class 类名 B(父类名 A):",B 类为子类,A 类为 B 类的父类,B 类从 A 类继承,拥有 A 类的属性和方法。示例代码如下:

```
# -*- coding：utf 8 -*-
class A：              # 也可以写作"class A(object)：",因为 object 类是所有类的基类
    name = "AA"
    def Aprint(self)：
        print("父类的方法")
class B(A)：
    pass
b1 = B()
b1. Aprint()          # 调用父类的方法
print(b1. name)       # 访问父类的属性
```

程序运行结果为:

父类的方法

AA

继承具有传递性,当一个类被继承后,该类的属性和方法会被子类所拥有。如果子类被孙子类继承时,该类的属性和方法同时又被孙子类所拥有。如 B 类继承了 A 类,C 类继承了 B 类,那么 C 类将拥有 A 类和 B 类的属性和方法。示例代码如下:

```
# -*- coding：utf-8 -*-
class A：
    name = "AA"
    def Aprint(self)：
        print("父类 A 的方法")
class B(A)：
    def Bprint(self)：
        print("B 类的方法")
class C(B)：
    pass
c1 = C()
c1. Aprint()          # 调用父类 A 的方法
c1. Bprint()          # 调用父类 B 的方法
print(c1. name)       # 访问父类 A 的属性
```

程序运行结果为:

父类 A 的方法

B 类的方法

AA

属性或方法的调用有其独特的访问方式,当子类访问某个属性或方法时,首先会在子类本身去查找该属性或方法,如果子类中没有该属性或方法,则到父类中去查找该属性或方法,如果父类中还是没有,则到祖父类中去查找,以此类推。

2. 多继承

多继承指的是一个子类可以同时继承多个父类,拥有所有父类的属性和方法,语法为:"class 类名 Z(父类名 X, 父类名 Y⋯)",Z 类同时继承了 X 类和 Y 类,则 Z 类同时拥有 X 类和 Y 类的属性和方法。示例代码如下:

```
# -*- coding：utf-8 -*-
class X：
    name = "XName"
    def Xprint(self)：
        print("X 类的方法！")
    def sameFun(self)：
        print("XsameFun")
class Y：
    name = "Y"
    def Yprint(self)：
        print("Y 类的方法！")
    def sameFun(self)：
        print("YsameFun")
class Z(X, Y)：
    pass
z1 = Z()
z1. Xprint()          # 调用 X 类的方法
z1. Yprint()          # 调用 Y 类的方法
z1. sameFun()         # 相同的方法,调用时按照被继承的顺序进行调用
print(z1. name)       # 访问 X 类的属性
```

程序运行结果为:

```
X 类的方法！
Y 类的方法！
XsameFun
XName
```

在多继承的情况中,如果被继承的多个类中有相同的属性或者方法,调用同名的属性或者方法时会按照被继承的顺序进行调用。例如,以上代码中被继承的两个类都有方法"sameFun()",被继承时,如果 X 类写在前面,则调用 X 类中的方法,如果 Y 类写在前面,则调用 Y 类中的方法。

6.3.3　方法的重写

在 Python 语言中,子类可以继承父类中的方法,而不需要重新编写相同的方法。当子类继承父类之后,如果父类的某个方法不能满足当前子类的需求时,可以在子类中对该

方法进行重写。方法的重写指的是在子类中定义的方法与父类中被重写的方法的方法名相同。子类的实例调用该方法时，会直接调用子类中的方法而不会调用父类中的方法。在 Python 语言中，方法重写的实质是子类的方法对父类的方法进行覆盖。

例如，定义一个 Animal 类，在该类中定义一个实例方法 run()；再定义一个 Dog 类继承 Animal 类，在 Dog 类中对父类 Animal 的 run() 方法进行重写；然后创建一个 Dog 类的对象，并调用 run() 方法，观察 run() 方法的调用情况。示例代码如下：

```
# - * - coding：utf-8 - * -
class Animal：
    def run(self)：    # 定义 run()方法
        print("动物会跑")
class Dog(Animal)：
    def run(self)：    # 重写 run()方法
        print("狗狗会跑,并且跑得非常快!")
d = Dog()
d.run()              # 执行时实际调用了子类的 run()方法
```

程序运行结果为：

狗狗会跑,并且跑得非常快!

由此可以看出，方法的重写就是在子类中定义一个与父类方法同名的方法，通过子类的实例调用该方法时，系统会优先在子类中寻找该方法进行调用。

📝 任务实现

创建父类 Pet，在父类中，使用构造方法定义 name、age、varietie、color 四个实例属性，定义两个方法 eat() 和 bark()，重写 __str__() 方法，使得打印对象时将对象的属性全部打印输出。创建子类 Dog 类和子类 Cat 类，在两个子类中要求对方法 eat() 和方法 bark() 进行重写。在子类 Cat 中，重写构造方法，增加实例属性 sex，重写 __str__() 方法，要求打印输出时在父类的基础上增加 sex 属性。创建宠物店类 PetShop，创建实例属性 shopName 和 petList，属性 petList 的值为宠物列表，定义方法 showPets()，要求该方法打印宠物店名称和宠物列表。通过 Dog 类、Cat 类和 PetShop 类创建对象，然后对三个类中的方法进行调用，查看运行结果。

1. 定义宠物类

定义一个宠物类 Pet，重写构造方法，使得初始化对象时直接将属性 (name、age、varietie、color) 传给对象，并定义 eat() 方法和 bark() 方法；重写 __str__() 方法，使得打印对象时将属性全部输出。

微课

电子宠物的继承
任务实现

```
# - * - coding：utf-8 - * -
class Pet：
    def __init__(self, name, age, variety, color)：    # 重写构造方法
        self.name = name
        self.age = age
        self.variety = variety
```

```
        self. color = color
    def eat(self):          ♯ 定义 eat()方法
        print("宠物要吃东西!")
    def bark(self):         ♯ 定义 bark()方法
        print("宠物会叫唤!")
    def __str__(self):      ♯ 重写__str__()方法
        return ('名字:{0},年龄:{1}岁,品种:{2},颜色:{3}'. format(self. name, self. age, self.
variety,self. color))
```

2. 定义狗类

定义一个 Dog 类,继承至 Pet 类。在 Dog 类中,重写 eat()方法和 bark()方法,定义属于自己的方法 guardHose()。

```
class Dog(Pet):
    def eat(self):          ♯ 重写 eat()方法
        print(self. name + '吃骨头')
    def bark(self):         ♯ 重写 bark()方法
        print(self. name + '汪汪叫')
    def guardHose(self):    ♯ 定义 guardHose()方法
        print(self. name + '看家护院')
```

3. 定义猫类

定义一个 Cat 类,继承至 Pet 类。在 Cat 类中,重写构造方法,在父类的基础上增加传入属性(性别);重写 eat()方法和 bark()方法;定义一个属于自己的方法 catchMice();重写__str__()方法,在打印结果中加入 sex 属性。

```
class Cat(Pet):
    def __init__(self, name, age, variety, color, sex):    ♯ 重写构造方法
        super(Cat, self). __init__(name, age, variety, color)
        self. sex = sex
    def eat(self):              ♯ 重写 eat()方法
        print(self. name + '喜欢吃鱼')
    def bark(self):             ♯ 重写 bark()方法
        print(self. name + '会喵喵叫')
    def catchMice(self):        ♯ 定义 catchMice()方法
        print(self. name + '会抓老鼠')
    def __str__(self):          ♯ 重写__str__()方法
        str = super(Cat, self). __str__()
        str += ',性别:{0}'. format(self. sex)
        return str
```

4. 定义宠物店类

定义一个 PetShop 类,重写构造方法,使得初始化对象时传入宠物店的名字(shopName)和宠物列表(petList);定义一个方法 showPets(),用于显示宠物店中所有的宠物。

```
class PetShop：
    def __init__(self，store_name，* pet_list)：        # 重写构造方法
        self.store_name = store_name
        self.pet_list = pet_list
    def showPets(self)：                                 # 定义打印宠物列表的方法
        if len(self.pet_list) == 0：
            print(self.store_name + '暂无宠物')
            return
        print('{0}有{1}个宠物，它们是：'.format(self.store_name，len(self.pet_list)))
        for pet in self.pet_list：                        # 将宠物列表元素循环打印输出
            print(pet)
```

5. 创建实例和方法调用

创建一个 Dog 的实例 dog1，并调用 eat()方法、bark()方法和 guardHose()方法；创建一个 Cat 的实例 cat1，并调用 eat()方法、bark()方法和 catchMice()方法；再使用 Dog 类和 Cat 类分别创建一个实例 dog2，一个实例 cat2；创建一个实例 PetShop，调用 showPets()方法打印所有的宠物。

```
# 创建实例
dog1 = Dog('旺财'，3，'金毛'，'黄色')
# 调用方法
dog1.eat()
dog1.bark()
dog1.guardHose()
print("----------------------------")                  # 用于分隔
# 创建实例
cat1 = Cat('嘟嘟'，2，'咖啡'，'灰色'，'男')
# 调用方法
cat1.eat()
cat1.bark()
cat1.catchMice()
print("----------------------------")                  # 用于分隔
# 创建实例
dog2 = Dog('黑贝'，3，'牧羊犬'，'黑色')
cat2 = Cat('糖果'，3，'布偶'，'白色'，'女')
# 创建实例
petshop = PetShop('乐派宠物店'，dog1，dog2，cat1，cat2)
# 调用方法
petshop.showPets()
```

整个任务程序运行结果为：

旺财吃骨头

旺财汪汪叫

旺财看家护院

嘟嘟喜欢吃鱼

嘟嘟会喵喵叫

嘟嘟会抓老鼠

乐派宠物店有 4 个宠物,它们是:

名字:旺财,年龄:3 岁,品种:金毛,品种:黄色

名字:黑贝,年龄:3 岁,品种:牧羊犬,品种:黑色

名字:嘟嘟,年龄:2 岁,品种:咖啡,品种:灰色,性别:男

名字:糖果,年龄:3 岁,品种:布偶,品种:白色,性别:女

技能拓展

在面向对象编程语言中,基本都存在方法的重载。那么,什么是方法重载? 方法的重载指的是在同一个类中定义多个同名的方法,但要求各个方法的参数类型或者参数的个数必须不同。调用时,系统会根据传入的参数的类型和参数的个数去判断具体调用哪个方法。那么,在 Python 语言中,有方法的重载吗? 请读者试一试。

任务 6.4 电子宠物的抽象

微课

电子宠物的抽象

任务分析

抽象类用来描述一种类型应该具备的基本特征与行为,没有具体的实现。本任务要求读者通过学习抽象类,设计一个宠物口粮花费计算系统(按月计算),选择宠物类别,计算出一个月内该宠物需要多少口粮。已知每只狗狗一天能够吃掉狗粮 1 kg,狗粮的价格为 4 元/kg;每只小猫每天能够吃掉猫粮 0.25 kg,猫粮的价格为 5 元/kg;每只宠物猪每天能够吃掉猪粮 1.5 kg,猪粮的价格为 3 元/kg。由此分析,本任务中可以创建父类 Pet,子类 Dog、Cat、Pig。父类 Pet 中要求重写初始化方法__init__(),并定义一个抽象方法 mealPay(),用于计算月生活费。子类要求实现父类中的抽象方法。最后通过 input()函数选择要计算的宠物,从而进行计算,并打印输出到控制台。

相关知识点

6.4.1 抽象类基本概述

1.抽象的概念

在面向对象的概念中,所有的对象都是通过类来描绘的,但是反过来,并不是所有的类都是用来描绘对象的。如果一个类中没有包含足够的信息来描绘一个具体的对象,这样的类就是抽象类。

2.抽象类的用途

抽象类不能实例化,除此之外,类的其他功能依然存在,成员变量、成员方法和构造方法的访问方式和普通类一样。由于抽象类不能实例化对象,所以抽象类必须被继承,才能被使用。正因如此,通常在设计阶段决定要不要设计抽象类。

抽象类是不完整的类。抽象类包含了子类集合的常见的方法,但是由于父类本身是抽象的,所以不能使用这些方法,这些方法也叫抽象方法。事实上,总结抽象类的用途主要有两点,一是为了指定程序规范,二是为了协同程序开发,提升开发效率。

3. abc 模块(Abstract Base Classes)

abc 模块是所有抽象类的基类,主要定义了最基本的属性和方法,可以为子类定义共有的 API,不需要实现。抽象基类提供了逻辑和实现解耦的能力,即在不同的模块中通过抽象基类来调用,可以用最精简的方式展示出代码之间的逻辑关系,让模块之间的依赖清晰简单。同时,一个抽象类可以有多个实现,让系统的运转更加灵活。而针对抽象类的编程,让每个人可以关注当前抽象类,只关注其方法和描述,而不需要考虑过多的其他逻辑,这对协同开发有很大意义。极简版的抽象类实现,也让代码可读性更高。

6.4.2 创建抽象类

定义抽象类的方法和定义普通类的方法基本相同。定义抽象类时,需要引入 abc 模块,并通过 metaclass 指定抽象类的元类为 ABCMeta。在抽象类中,必须定义至少一个抽象方法。定义抽象方法时需要用到方法装饰器 @ abstractmethod(抽象方法)、@abstractclassmethod(抽象类方法)、@abstractstaticmethod(抽象静态方法)。在抽象方法中,可以规定参数内容,方法体一般不做任何实现,可以使用 pass 语句代替。在抽象类中,除了抽象方法之外,也可以定义普通类中的成员方法、类方法和静态方法。抽象类语法如下所示。

```
import abc        # 引入 abc 模块
class 类名(metaclass = ABCMeta):        # 指定元类
    # 属性 1
    # 属性 2
    …
    @abstractmethod
    # 抽象方法 1
    @ abstractclassmethod
    # 抽象方法 2
    @ abstractstaticmethod
    # 抽象方法 3
    …
    # 成员方法 1
    # 成员方法 2
    …
```

例如,在宠物家族中,由于宠物都有吃、叫唤、睡觉等行为,但是不同的宠物的吃、叫唤、睡觉等行为是不一样的,所以,定义宠物类 Pet 时可以将该类定义为抽象类,将类中的方法定义为抽象方法,等到被子类继承之后再具体实现这些抽象方法。示例代码如下:

```
# - * - coding: utf-8 - * -
import abc          # 引入 abc 模块
class Pet(metaclass = abc.ABCMeta):          # 指定元类
    @abc.abstractmethod          # 使用装饰器定义抽象方法
    def eat(self):          # 吃东西的方法
        pass
    @abc.abstractmethod
    def bark(self):          # 叫唤的方法
        pass
    @abc.abstractmethod
    def sleep(self, time):          # 睡觉的方法,加了一个参数:睡觉时间 time
        pass
    def relieveBoredom(self):          # 定义了成员方法,而不是抽象方法
        print("宠物可以解闷,为人们带来欢乐!")
```

6.4.3 抽象类的使用

抽象类必须被继承才能使用,当抽象类被继承之后,抽象类中的所有抽象方法在子类中必须被实现,即必须被重写。例如宠物都有吃东西、叫唤等行为,但是不同的宠物吃东西和叫唤的方式和特点是不一样的,所以这些方法就要通过方法重写来实现宠物不同的吃法和叫唤方法。

方法的重写类似于莘莘学子,是祖国的花朵、国家和民族的希望,继承了父辈的爱国情怀,有一颗和革命先烈一样的爱国心,但是他们不是生来就具备将爱国情怀付诸实际行动的能力,而这个能力是没有办法被继承的,孩子们只能在父母和老师的教育引导下,经过自己的不懈努力,不断成长,才能拥有和父辈一样用自己的行动维护国家尊严的能力,也是青出于蓝而胜于蓝的绝佳体现。方法的重写就是将父类中的抽象方法重新按照要求进行完善,方法的返回值、方法名、参数的类型和个数必须和父类中的抽象方法保持一致。

例如,定义一个 Dog 类和一个 Cat 类,这两个类都继承抽象类 Pet,并且将抽象类 Pet 中的方法都一一实现,然后对子类的方法进行调用,查看运行结果。示例代码如下:

```
# - * - coding: utf-8 - * -
class Dog(Pet):          # Dog 类继承抽象类 Pet
    def eat(self):          # 实现 eat()方法
        print("狗狗喜欢吃骨头!")
    def bark(self):          # 实现 bark()方法
        print("狗狗会汪汪叫!")
    def sleep(self, time):          # 实现 sleep()方法
        print("狗狗喜欢在" + time + "睡觉!")
```

```
class Cat(Pet):                          # Dog 类继承抽象类 Pet
    def eat(self):                       # 实现 eat()方法
        print("猫猫喜欢吃鱼!")
    def bark(self):                      # 实现 bark()方法
        print("猫猫会喵喵叫!")
    def sleep(self, time):               # 实现 sleep()方法
        print("猫猫喜欢在"+ time +"睡觉,并且发出咕噜咕噜的声音!")
d1 = Dog()
d1.eat()
d1.bark()
d1.sleep("任何时候")
print("---------------")
c1 = Cat()
c1.eat()
c1.bark()
c1.sleep("白天")
c1.relieveBoredom()                      # 调用抽象类的成员方法
```

程序运行结果为:

狗狗喜欢吃骨头!

狗狗会汪汪叫!

狗狗喜欢在任何时候睡觉!

猫猫喜欢吃鱼!

猫猫会喵喵叫!

猫猫喜欢在白天睡觉,并且发出咕噜咕噜的声音!

宠物可以解闷,为人们带来欢乐!

任务实现

设计一个宠物口粮花费计算系统(按月计算),其中包括父类 Pet,子类 Dog、Cat、Pig,提供宠物信息,计算出一个月内该宠物需要多少口粮。其中每只狗狗一天能够吃掉狗粮 1 kg,狗粮的价格为 4 元/kg;每只小猫每天能够吃掉猫粮 0.25 kg,猫粮的价格为 5 元/kg;每只宠物猪每天能够吃掉猪粮 1.5 kg,猪粮的价格为 3 元/kg。示例代码如任务实现代码 6-3 所示。

任务实现代码 6-3:

```
# -*- coding: utf-8 -*-
import abc
class Pet(metaclass = abc.ABCMeta):      # 指定元类
    def __init__(self, name, age):
        self.name = name
        self.age = age
```

电子宠物的抽象
任务实现

```
        @abc.abstractmethod              # 使用装饰器定义抽象方法
        def mealPay(self):
            pass
    class Dog(Pet):
        def mealPay(self, name):         # 实现 mealPay()方法
            print("我是一只宠物狗狗,我的名字叫{0}".format(name))
            money = 1 * 4 * 30
            print("我每个月的生活费需要{0}元".format(money))
    class Cat(Pet):
        def mealPay(self, name):         # 实现 mealPay()方法
            print("我是一只宠物猫猫,我的名字叫{0}".format(name))
            money = 0.25 * 5 * 30
            print("我每个月的生活费需要{0}元".format(money))
    class Pig(Pet):
        def mealPay(self, name):         # 实现 mealPay()方法
            print("我是一只宠物猪猪,我的名字叫{0}".format(name))
            money = 1.5 * 3 * 30
            print("我每个月的生活费需要{0}元".format(money))
    while(1):                            # 使用循环语句让程序一直处于运行状态
        print("宠物月花费计算系统:\n1. 狗狗\n2. 猫猫\n3. 猪猪")
        choice = input("请输入您的选择:")   # 使用多分支语句判断用户的选择
        if(choice == "1"):
            d1 = Dog("大壮", 3)
            d1.mealPay(d1.name)          # 调用计算花费的方法
        elif(choice == "2"):
            c1 = Cat("圆圆", 2)
            c1.mealPay(c1.name)          # 调用计算花费的方法
        elif(choice == "3"):
            p1 = Pig("嘟嘟", 2)
            p1.mealPay(p1.name)          # 调用计算花费的方法
        else:
            print("您的输入有误,请重新输入:")
```

技能拓展

　　多态是同一类事物具有的多种形态,也是面向对象编程的重要特点之一。例如,"龙生九子,各有不同",这就是多态的表现。Python 语言本身没有多态,由于 Python 语言是动态强类型语言,数据类型可以自动转换,但是定义变量时,又不需要指明数据类型,相当于弱类型语言。Python 语言不崇尚使用继承的方式去约束子类的方式,而是崇尚鸭子类型,所以 Python 语言自开发出来就支持多态。

　　例如,在现实生活中,支付方式有很多种,如支付宝支付、微信支付、QQ 支付等。但是,在开发支付接口时,会统一支付接口,且同时支持多种支付方式。也就是说,调用相同

的支付方法,但是支付时系统会根据支付对象去调用相应的支付方法。示例代码如下:

```python
# -*- coding：utf-8 -*-
class Alipay：                   # 支付宝支付类
    def pay(self, money)：       # 支付宝支付方法
        print("支付宝支付{0}元".format(money))
class WeChatpay：                # 微信支付类
    def pay(self, money)：       # 微信支付方法
        print("微信支付{0}元".format(money))
class QQpay：                    # QQ 支付类
    def pay(self, money)：       # QQ 支付类
        print("QQ 支付{0}元".format(money))
def pay(pay_obj, money)：        # 统一支付入口,归一化设计
    pay_obj.pay(money)
weixin = WeChatpay()            # 实例化微信支付对象
pay(weixin, 25)                 # 调用统一的再支付方法
qqPay = QQpay()                 # 实例化 QQ 支付对象
pay(qqPay, 25)                  # 调用统一的再支付方法
```

程序运行结果为:

微信支付 25 元

QQ 支付 25 元

 项目小结

本项目通过电子宠物程序编写为线索,为读者讲解了面向对象编程的相关知识点。首先是面向对象编程的基本概念及思路,面向对象编程的优点,类的编写,对象的初始化等。第二是类中的属性和方法种类及定义。第三是类的继承,方法的重写等。第四是抽象类相关知识。通过这些知识的学习,让读者了解面向对象编程的优势和重要性,并将本项目中学到的知识技能运用于自己的编程过程中。

学习完本项目之后,我呼吁读者以"同在蓝天下,共享大自然——爱护动物,从我做起"为主题开展爱护小动物活动。

1. 活动背景

本项目通过现实生活中的小动物关联到电子宠物,可是,你们知道吗? 在现实生活中,人类赖以生存的大自然正在遭到人类的破坏。人们开山采矿,砍伐树木,还有人类生产活动产生的垃圾、废水、废气等都在逐步破坏动物及人类的生存环境,让小动物失去栖息之所,更有不法分子虐待、残害、猎杀和捕食小动物,导致很多动物濒临灭绝甚至已经灭绝。长此以往,可能我们的宠物就真的只能是电子宠物了。好在中国人民乃至世界人民都意识到生态破坏的严重性,我们国家出台了很多野生动物保护的相关法律和法规,建立了很多自然保护区、生态保护区等,大部分老百姓已经清晰认知到人与自然应该和谐共生。那么,作为年轻人,我们可以为生态保护做些什么呢?

2. 活动内容

每个人以"同在蓝天下，共享大自然——爱护动物，从我做起"为主题，拍摄一个作品（视频或图片），进行适当的剪辑，然后发布到自己社交平台上，如抖音、快手、微信朋友圈、QQ 空间等，呼吁自己身边的亲人朋友爱护小动物，保护大自然。

习 题

一、选择题

1. 以下代码输出的结果是（　　　）。

```
class Parent(object):
    x = 1
class Child1(Parent):
    pass
class Child2(Parent):
    pass
Child1.x = 2
Parent.x = 3
print(Parent.x, Child1.x, Child2.x)
```

A. 1　1　1　　　　　　B. 1　2　3　　　　　　C. 3　2　3　　　　　　D. 2　2　1

2. 以下代码执行的结果为（　　　）。

```
class A:
    name = "AA"
    def Aprint(self):
        print("A 类的方法")
class B(A):
    def Aprint(self, X):
        print("B 类的方法:" + X)
class C(B):
    def Aprint(self,name,age):
        print("My name is ",name,"I am ",age,"years old!")
c1 = C()
c1.Aprint("test")          # 调用父类的方法
```

A. A 类的方法

B. 错误

C. B 类方法:test

D. My name is test,I am test years old

3. 关于面向过程和面向对象，下列说法错误的是（　　　）。

A. 面向过程和面向对象都是解决问题的一种思路

B. 面向过程是基于面向对象的

C. 面向过程强调的是解决问题的步骤

D. 面向对象强调的是解决问题的对象

4. 关于类和对象的关系,下列描述正确的是( )。

A. 类是对象的实例

B. 类是现实中事物的个体

C. 对象是根据类创建的,并且一个类只能对应一个对象

D. 对象描述的是现实的个体,它是类的实例

5. __init__()方法的作用是( )。

A. 初始化对象　　　B. 一般成员方法　　　C. 对象的建立　　　D. 类的初始化

6. Python 类中包含一个特殊的变量( ),它表示当前对象自身,可以访问类的成员。

A. this　　　　　　B. cls　　　　　　　C. self　　　　　　D. abstractmethod

7. 静态方法的装饰器为( )。

A. classmethod　　B. staticmethod　　C. publicmethod　　D. privatemethod

8. 以下代码的输出结果是( )。

```
class People(object):
    __name = "luffy"
    __age = 18
p1 = People()
print(p1.__name, p1.__age)
```

A. luffy,18　　　　B. luffy 18　　　　C. 错误　　　　D. luffy18

9. 以下代码的输出结果是( )。

```
class cat:
    def __new__(cls):
        print("我是喵喵!")
c1 = cat()
```

A. 发生错误　　　　B. 我是喵喵!　　　　C. 无结果　　　　D. "我是喵喵!"

10. 关于 Python 面向对象编程中,下列说法正确的是( )。

A. Python 支持私有继承　　　　　　　　B. Python 支持保护类型

C. Python 中一切都是对象　　　　　　　D. Python 支持接口编程

二、判断题

1. 以下代码运行将发生错误。　　　　　　　　　　　　　　　　　( )

```
import abc
class A(metaclass = abc.ABCMeta):
    @abc.abstractmethod
    def Aprint(self):
        pass
class B(A):
```

```
        pass
b1 = B()
b1. Aprint()
```

2. 在 Python 中定义类时,如果某个成员名称前有一个下划线,则表示是私有成员。

                                                               (   )

3. 定义类时所有实例方法的第一个参数用来表示对象本身,在类的外部通过对象名来调用实例方法时不需要为该参数传值。   (   )

4. 以下代码的运行结果为“YsameFun”。   (   )

```
class X:
        def sameFun(self):
                print("XsameFun")
class Y:
        def sameFun(self):
                print("YsameFun")
class Z(X, Y):
        pass
z1 = Z()
z1. sameFun()
```

5. 在类中,实例方法可以访问类属性。   (   )

6. 在类中,类方法可以访问类成员。   (   )

三、编程题

1. 编写程序,B 类继承了 A 类,两个类都实现了 handle()方法,在 B 中的 handle()方法中调用 A 的 handle()方法。

2. 编写一个学生类,要求有一个计数器的属性,统计总共实例化了多少个学生。

3. 利用多态性,创建 Animal 类(抽象类),含有抽象方法 bark(),创建 3 个子类,在子类中将抽象方法进行实现,最后定义一个方法,使得调用该方法时按照传入对象选择相应的吠叫方式。

4. 定义一个图形类(抽象类),在图形类中定义抽象方法面积、周长,再定义一个矩形类和圆形类,这两个类都继承了图形类,并且将父类的抽象方法实现。最后实现创建一个图形对象,调用其面积和周长的方法能够计算出相应的值。

四、简答题

1. 类属性和实例属性有什么不同?

2. 简述__str__()方法的用途。

3. 什么是类,什么是对象,它们之间有什么关系?

4. 简述类方法、实例方法和静态方法的特点。

5. 简述类的继承和抽象类之间的关系。

项目 7

200 行代码实现 2048 小游戏

2048 小游戏是 Gabriele Cirulli 开发的一款数字游戏,曾风靡一时。2048 小游戏的玩法很简单,每次可以选择上、下、左、右滑动,每滑动一次,所有的数字方块都会往滑动的方向靠拢,系统也会在空白的地方乱数出现一个数字方块,相同数字的方块在靠拢、相撞时会相加。不断的叠加最终拼凑出 2048 这个数字就算成功。

本项目将使用 Python 语言的 turtle 库(turtle 库的使用已在项目 4 中介绍)完成 2048 小游戏,最终代码在 200 行左右。在实现 2048 小游戏开发过程中,可以提升 Python 基础知识的综合应用能力,加深读者对 Python 项目化实践课程知识的掌握和应用。

● 学习目标

1. 巩固 Python 基础知识。
2. 掌握 turtle 图形绘制库使用方法。
3. 掌握 random 随机数模块使用方法。
4. 掌握函数应用。
5. 掌握类的应用。

任务 7.1 面向过程方法实现 2048 小游戏

微 课

面向过程方法
实现 2048 小游戏

✎ 任务分析

现在,游戏已成为大部分人日常娱乐的重要组成部分。有很多大学生每天把大把时间花在在打游戏上,打游戏甚至成为部分大学生的“主要工作”。游戏本身没有好与不好的区别,区别在于人如何看待游戏。如果只是偶尔的娱乐消遣应该是有益的,但是如果沉迷于游戏就是有害的。游戏虽好,但不能沉迷。与其打游戏不如编程做游戏。下面看一下如何实现 2048 小游戏。

每个问题的分析方法与实现方法都是多样的,对 2048 小游戏的实现方式也有多种。本项目使用面向过程的分析方法,实现 2048 小游戏的功能。

2048 小游戏要实现的功能包括 2048 小游戏必要的数字移动逻辑,同时需要显示用户当前的得分并记录用户的最高得分;游戏主界面含 4 行 4 列共 16 个数字方块,用户可以通过上、下、左、右 4 个方向键控制数字移动;如果相邻数字方块数值相等,则两个方块的数字相加合并为一个方块;同时每移动一次方块,在空白数字方块中随机选择一个方块并生成 2 或 4 的数字。2048 小游戏主界面实现如图 7-1-1 所示。

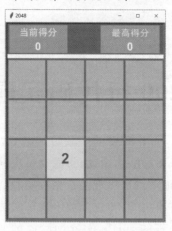

图 7-1-1　2048 小游戏主界面

2048 小游戏面向过程分析如图 7-1-2 所示。

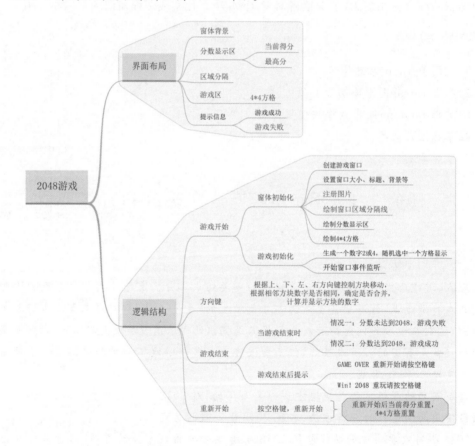

图 7-1-2　2048 小游戏面向过程分析

![相关知识点]

7.1.1　面向过程与面向对象比较

面向过程就是分析出解决问题所需要的步骤,然后用函数把这些步骤一步一步实现,使用的时候一个一个依次调用即可。

面向对象是以对象为中心的编程思想,建立对象的目的不是为了完成一个步骤,而是为了描叙某个事物在整个解决问题的步骤中的行为。面向对象是以"对象"为中心的编程思想,把构成问题的事物抽象成对象,用对象描述某事物在整个问题的步骤中的属性和行为。

面向过程分析方法:

1.分析解决问题的步骤。

2.使用函数实现每个步骤的功能。

3.按步骤依次调用函数。

面向对象分析方法:

1.分析问题,从中提炼出多个对象。

2.将不同对象各自的特征和行为进行封装。

3.通过控制对象的行为来解决问题。

7.1.2　面向过程与面向对象分析 2048 小游戏

分别使用面向过程和面向对象方法。分析 2048 小游戏的实现步骤,两种方法对比见表 7-1-1。

表 7-1-1　　　　面向过程与面向对象分析 2048 小游戏

编程思想	实现步骤
面向过程	(1)开始游戏; (2)绘制游戏界面; (3)移动方块; (4)合并方块; (5)重新绘制方块; (6)计算得分; (7)判断输赢:如果达到2048,则赢;未达到2048,如果没有可移动方块则输,否则返回步骤(2)
面向对象	玩家:用户,负责移动方块。 游戏界面:负责绘制当前游戏的画面,显示得分。 规则系统:负责判断游戏输赢

![任务实现]

1.任务分解

2048 小游戏的功能实现可通过以下步骤进行实现:

（1）绘制主窗口界面，将游戏窗口分为上、下两部分：上面部分显示当前得分及最高分，下面部分为游戏区域，分为 4 * 4 的数字方格。

（2）接收用户行为，实现接收用户的键盘操作，仅接受用户的方向键和空格键按键行为。

（3）根据用户方向按键行为进行数字方块移动，空格键重新开始游戏。

（4）显示用户当前得分，记录用户最高分。实时计算用户当前得分并显示在得分区域，比较用户当前得分与最高分的大小，如果当前得分高于最高分，则将当前得分记为最高分并显示在最高分，最高分记录在文件以便永久保存。

2. 代码实现

（1）导入需要的包。

面向过程方法实现
2048 小游戏任务实现

```
# turtle 模块进行界面绘制
# random 模块用来生成随机数
import random
import turtle
```

（2）绘制游戏界面。绘制界面使用 turtle 模块，调用 turtle. Screen() 创建主窗口，然后进行相应的设置，包括窗口大小、背景色、标题文字等。为了实现相应的界面效果，将窗口分为上、下两部分，两部分中间绘制一条白色的线（实际是矩形）进行分隔。上面部分用于显示当前得分和最高分，分别使用两个图片实现。下面部分为游戏区域，平均分为 4 * 4 的 16 个正方形方块。

```
game_window = turtle. Screen()              # 主窗口的设置
game_window. setup(410, 500, 400, 20)       # 设置主窗口的大小和位置
game_window. bgcolor('gray')                # 设置主窗口的背景色
game_window. title('2048')                  # 设置主窗口的标题文字
game_window. tracer(0)                       # 打开/关闭乌龟动画并设置更新图纸的延迟
game_window. register_shape('block. gif')   # 将一个海龟形状加入 TurtleScreen 的形状列表，只
                                            #   有这样注册过的形状才能使用
game_window. register_shape('score. gif')
game_window. register_shape('top. gif')
# 绘制上、下分隔线
turtle. color('white', 'white')             # 设置画笔颜色，将 fillcolor 和 pencolor 都设置为白色
turtle. penup()                             # 画笔抬起——移动时不画线
turtle. goto(-210, 172)                     # 海龟移动到指定位置
turtle. begin_fill()                        # 在绘制要填充的形状之前被调用
turtle. goto(215, 172)
turtle. goto(215, 162)
turtle. goto(-215, 162)
turtle. end_fill()                          # 填充最后一次调用后绘制的形状
# 绘制得分位置图片
turtle. shape('score. gif')
turtle. goto(-120, 210)
```

```
turtle.stamp()
# 绘制最高分图片
turtle.shape('top.gif')
turtle.goto(115,210)
turtle.stamp()                # 在海龟当前位置印制一个海龟形状
# 定义数字方块的位置坐标
block_pos = [(-150,110),(-50,110),(50,110),(150,110),
             (-150,10),(-50,10),(50,10),(150,10),
             (-150,-90),(-50,-90),(50,-90),(150,-90),
             (-150,-190),(-50,-190),(50,-190),(150,-190)]
# 绘制数字方格
turtle.shape('block.gif')     # 将乌龟形状设置为方块背景的形状,用于画出方块背景
for i in block_pos:
    turtle.goto(i)            # 将海龟移到每个方块的坐标
    turtle.stamp()            # 在海龟当前位置印制方块背景
```

游戏界面窗口绘制完成,效果如图 7-1-3 所示。

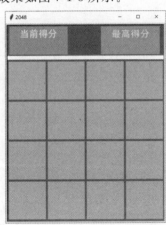

图 7-1-3 游戏界面窗口

(3)显示得分及最高分。

①初始得分是 0 分,最高分从记录文件中读取。如果是第一次游戏,则最高分也是 0 分,如果不是第一次游戏,最高分则是文件中记录的历史最高分。首先读取记录文件获得最高分,然后将初始得分 0 分和最高分显示在对应的位置。

```
show_score_turtle = turtle.Turtle()      # 绘制得分的海龟
show_win_lose_turtle = turtle.Turtle()   # 显示游戏成功或失败的海龟
is_win = True        # 游戏成功的标识(得分达到 2048),游戏成功文字仅出现一次
text_clear = True    # 用来判断失败或成功的提示文字是否被清除,不清除不能继续移动方块
score = 0
with open('.\\score.txt','r') as f:
    try:
        top_score = int(f.read())        # 读取 score 中的数据(游戏最高分)
```

```
    except：
        top_score = 0                      # 读取异常，默认给 0 分
show_score_turtle. ht()
show_score_turtle. penup()
show_score_turtle. color('white')
show_score_turtle. goto(-120，175)
show_score_turtle. clear()
show_score_turtle. write(f'{score}'，align='center'，font=('Arial'，20，'bold'))
show_score_turtle. goto(115，175)
show_score_turtle. write(f'{topScore}'，align='center'，font=('Arial'，20，'bold'))
```

②显示得分及最高分。在游戏过程中根据用户的实时得分，需要反复修改显示，所以把显示得分的代码写成函数，方便重复调用。同时在游戏过程中用户得分可能会超过历史最高分，所以在显示分数时，需要将得分与最高分之间进行比较。如果得分大于历史最高分，则将最高分改为当前得分，同时需要将得分记录在文件中。代码修改为下面函数，每次修改得分调用该函数即可。

```
def show_score()：                          # 分值的显示
    show_score_turtle. ht()
    show_score_turtle. penup()
    global score，top_score
    if score > top_score：
        top_score = score
        with open('. \\score. txt'，'w') as f：
            f. write(f'{top_score}')
    show_score_turtle. color('white')
    show_score_turtle. goto(-120，175)
    show_score_turtle. clear()
    show_score_turtle. write(f'{score}'，align='center'，font=('Arial'，20，'bold'))
    show_score_turtle. goto(115，175)
    show_score_turtle. write(f'{top_score}'，align='center'，font=('Arial'，20，'bold'))
```

（4）在游戏区（4 * 4 的方块）随机出现一个数字。在游戏方块中生成数字的过程实际上是先随机选择一个方块，然后随机选择数字 2 或 4，再把数字绘制到方块中。

①为了方便数字的绘制，给每个方块分配一个海龟，即定义一个海龟对象（在 turtle 模块中有 Turtle 类，可以用来创建海龟对象）。每个海龟控制一个方块的数字绘制，彼此独立，方便每个方块数字显示的控制。为方便调用每个海龟，使用字典保存相应的变量，以数字方块的坐标为键，海龟和对应的数字为值保存。

```
block_dic = {}        # 放数字方块海龟的字典，key 为位置坐标，value 为对应海龟及对应的数字
for i in block_pos：    # 画出 16 个海龟，对应 16 个数字块
    block = turtle. Turtle()
    block. ht()
    block. penup()
    block. goto(i)
    block_dic[i] = [block，0]
```

②随机生成一个数字时随机选择一个方块,再给这个方块随机选择数字 2 或 4 的数值。考虑整个游戏,随机生成数字的功能是多次使用的。用户每移动一次方块,就要新生成一个数字,所以要将该功能定义成函数。每次从数字为 0 的所有方块中随机选择一个方块,再随机选择 2 或 4 赋给对应的方块。

```python
def new_num():                   # 随机出现一个2或4的数字块
    block_list = []
    for i in block_pos:
        if block_dic[i][1] == 0:
            block_list.append(block_dic[i])      # 挑出空白方块的海龟
    turtle_choice = random.choice(block_list)     # 随机选中其中一个海龟
    turtle_choice[1] = random.choice([2, 2, 2, 2, 4])  # 赋属性 num=2/4
    draw_numbers(*turtle_choice)
    show_score()
    check_win_lose()
```

③方块数值的显示。方块数值的显示是调用对应方块的海龟进行绘制数字的过程,因为绘制数字也是需要重复使用的功能,所以将该功能定义成函数。

```python
def draw_numbers(*block):              # 绘制数字方块
    block[0].clear()
    dic_draw = {2: '#eee6db', 4: '#efe0cd', 8: '#f5af7b',
                16: '#fb9660', 32: '#f57d5a', 64: '#f95c3d',
                128: '#eccc75', 256: '#eece61', 512: '#efc853',
                1024: '#ebc53c', 2048: '#eec430'}
    if block[1] > 0:                    # 数字大于0,画出方块
        block[0].color(f'{dic_draw[block[1]]}')    # 选择颜色
        block[0].begin_fill()
        block[0].goto(block[0].xcor() + 48, block[0].ycor() + 48)
        block[0].goto(block[0].xcor() - 96, block[0].ycor())
        block[0].goto(block[0].xcor(), block[0].ycor() - 96)
        block[0].goto(block[0].xcor() + 96, block[0].ycor())
        block[0].goto(block[0].xcor(), block[0].ycor() + 96)
        block[0].end_fill()
        block[0].goto(block[0].xcor() - 48, block[0].ycor() - 68)
        if block[1] > 4:                # 按照数字选择数字的颜色
            block[0].color('white')
        else:
            block[0].color('#6d6058')
        block[0].write(block[1], align='center', font=('Arial', 27, 'bold'))
        block[0].goto(block[0].xcor(), block[0].ycor() + 20)
```

随机生成一个数字,运行结果如图 7-1-4 所示。

图 7-1-4　生成一个数字

（5）启用窗口事件监听。经过上面步骤，游戏开始后，移动方向键进行移动操作发现不能移动，这是因为窗口没有启用键盘的监听与事件处理。需要在主窗口启用事件监听，并为可操作的键定义响应函数。

```
game_window.listen()
game_window.onkey(move_up，'Up')
game_window.onkey(move_down，'Down')
game_window.onkey(move_left，'Left')
game_window.onkey(move_right，'Right')
game_window.onkey(restart，'space')
game_window.mainloop()    ♯ 开始事件循环，调用 Tkinter 的 mainloop 函数。必须作为一个海
                            龟绘图程序的结束语句
```

在上面代码中，分别为上、下、左、右四个方向键以及空格键定义了对应的响应函数 move_up、move_down、move_left、move_right、restart，即向上移动、向下移动、向左移动、向右移动、重玩 5 个函数。后面需要对这 5 个函数进行实际的功能定义。

（6）用户操作响应函数实现。对前面定义的 move_up、move_down、move_left、move_right、restart 函数进行功能定义。

```
def move_up()：
    allpos1 = block_pos[::4]      ♯ 切片为四列
    allpos2 = block_pos[1::4]
    allpos3 = block_pos[2::4]
    allpos4 = block_pos[3::4]
    do_move(allpos1，allpos2，allpos3，allpos4)
def move_down()：
    allpos1 = block_pos[-4::-4]
    allpos2 = block_pos[-3::-4]
    allpos3 = block_pos[-2::-4]
    allpos4 = block_pos[-1::-4]
```

```
            do_move(allpos1，allpos2，allpos3，allpos4)
def move_left()：
        allpos1 = block_pos[:4]
        allpos2 = block_pos[4:8]
        allpos3 = block_pos[8:12]
        allpos4 = block_pos[12:16]
        do_move(allpos1，allpos2，allpos3，allpos4)
def move_right()：
        allpos1 = block_pos[-1:-5:-1]
        allpos2 = block_pos[-5:-9:-1]
        allpos3 = block_pos[-9:-13:-1]
        allpos4 = block_pos[-13:-17:-1]
        do_move(allpos1，allpos2，allpos3，allpos4)
def restart()：
        global score，text_clear，is_win
        score = 0
        for i in block_dic.values()：
                i[1] = 0
                i[0].clear()
        show_win_lose_turtle.clear()
        is_win = True
        new_num()
        text_clear = True      # 此 flag 为游戏达成或失败出现提示语后的判断，要提示语被 clear 后
                                       才能继续 move
```

为实现相应的功能，定义辅助函数 do_move、move、num_list_opr。

```
def do_move(allpos1，allpos2，allpos3，allpos4)：
        if text_clear is True：
                count1 = move(allpos1)           # 四列或四行依次移动
                count2 = move(allpos2)
                count3 = move(allpos3)
                count4 = move(allpos4)
                if count1 or count2 or count3 or count4：     # 判断是否有方块可以移动，有才能继续出
                                                                            现新的数字块
                        new_num()
def move(pos_list)：
        num_list = []                               # 为某一列或行的数字块海龟的坐标
        for i in pos_list：
                num_list.append(block_dic[i][1])        # 把这些海龟的 NUM 形成 list
        new_num_list，count = num_list_opr(num_list)    # 只是 list_oper 的方法形成新的 list
        for j in range(len(new_num_list))：          # 把新的 list 依次赋值给对应海龟的 num 属性，并调
                                                                    用 draw()方法
```

```
            block_dic[pos_list[j]][1] = new_num_list[j]
            draw_numbers( * block_dic[pos_list[j]])
        return count
def num_list_opr(num_list):              # num_list 的操作
    global score
    count = True
    temp = []
    new_temp = []
    for j in num_list:
        if j ! = 0:
            temp. append(j)              # temp=[2,2,2]
    flag = True
    for k in range(len(temp)):
        if flag:
            if k < len(temp) − 1 and temp[k] == temp[k + 1]:
                new_temp. append(temp[k] * 2)
                flag = False
                score += temp[k]
            else:
                new_temp. append(temp[k])    # new_temp=[4,2]
        else:
            flag = True
    for m in range(len(num_list) − len(new_temp)):
        new_temp. append(0)              # new_temp=[4,2,0,0]
    if new_temp == num_list:
        count = False                    # 此变量判断 num_list 有没有变化,数字块有无移动
    return new_temp, count
```

（7）游戏成功与失败的检测。用户每次移动方块后,要对当前状态进行检测,包括是否有方块已达到 2048 数字（游戏成功）、是否还有空白方块（游戏失败）。因为每次移动都要检测,所以该功能定义为函数。通过分析,状态检测只要在每次生成新数字后进行检测即可,所以定义好功能后,在 newNum() 函数中调用即可。

```
show_win_lose_turtle = turtle. Turtle()   # 显示游戏成功或失败的海龟
is_win = True                             # 游戏成功的标识（得分达到 2048）
text_clear = True    # 用来判断失败或成功的提示文字是否被清除,不清除不能继续移动方块
def check_win_lose():                      # 检测游戏成功或失败,显示提示文字
    global is_win, text_clear, show_win_lose_turtle
    show_win_lose_turtle. ht()
    show_win_lose_turtle. color('blue')
    judge = 0                              # 判断是否还有位置可以移动
    for i in block_dic. values():
```

```
            for j in block_dic.values():
                if i[1] == 0 or i[1] == j[1] and i[0].distance(j[0]) == 100:
                    judge += 1
        if judge == 0:                        # 无位置可移动,游戏失败
            show_win_lose_turtle.write('         GAME OVER\n重新开始请按空格键', align=
        'center', font=('黑体', 30, 'bold'))
            text_clear = False
        if is_win is True:                    # 此条件让 2048 达成的判断只能进行一次
            for k in block_dic.values():
                if k[1] == 2048:
                    is_win = False
                    show_win_lose_turtle.write('    Win! 2048\n 重玩请按空格键', align=
        'center', font=('黑体', 30, 'bold'))
                    text_clear = False
```

(8)功能调试。代码编写完成后,需要对代码进行重复调试,测试运行中是否存在问题,以及功能是否能够达到预期。

(9)完整代码。

```
import random
import turtle
def check_win_lose():                         # 检测游戏成功或失败,显示提示文字
    global is_win, text_clear, show_win_lose_turtle
    show_win_lose_turtle.ht()
    show_win_lose_turtle.color('blue')
    judge = 0                                 # 判断是否还有位置可以移动
    for i in block_dic.values():
        for j in block_dic.values():
            if i[1] == 0 or i[1] == j[1] and i[0].distance(j[0]) == 100:
                judge += 1
    if judge == 0:                            # 无位置可移动,游戏失败
        show_win_lose_turtle.write('         GAME OVER\n重新开始请按空格键', align=
    'center', font=('黑体', 30, 'bold'))
        text_clear = False
    if is_win is True:                        # 此条件让 2048 达成的判断只能进行一次
        for k in block_dic.values():
            if k[1] == 2048:
                is_win = False
                show_win_lose_turtle.write('    Win! 2048\n 重玩请按空格键', align=
    'center', font=('黑体', 30, 'bold'))
                text_clear = False
def show_score():                             # 分值的显示
```

```python
            show_score_turtle.ht()
            show_score_turtle.penup()
            global score, top_score
            if score > top_score:
                top_score = score
                with open('.\\score.txt', 'w') as f:
                    f.write(f'{top_score}')
            show_score_turtle.color('white')
            show_score_turtle.goto(-120, 175)
            show_score_turtle.clear()
            show_score_turtle.write(f'{score}', align='center', font=('Arial', 20, 'bold'))
            show_score_turtle.goto(115, 175)
            show_score_turtle.write(f'{top_score}', align='center', font=('Arial', 20, 'bold'))
        def draw_numbers(*block):                    # 绘制数字方块
            block[0].clear()
            dic_draw = {2: '#eee6db', 4: '#efe0cd', 8: '#f5af7b',
                        16: '#fb9660', 32: '#f57d5a', 64: '#f95c3d',
                        128: '#eccc75', 256: '#eece61', 512: '#efc853',
                        1024: '#ebc53c', 2048: '#eec430'}
            if block[1] > 0:                         # 数字大于0,画出方块
                block[0].color(f'{dic_draw[block[1]]}')   # 选择颜色
                block[0].begin_fill()
                block[0].goto(block[0].xcor() + 48, block[0].ycor() + 48)
                block[0].goto(block[0].xcor() - 96, block[0].ycor())
                block[0].goto(block[0].xcor(), block[0].ycor() - 96)
                block[0].goto(block[0].xcor() + 96, block[0].ycor())
                block[0].goto(block[0].xcor(), block[0].ycor() + 96)
                block[0].end_fill()
                block[0].goto(block[0].xcor() - 48, block[0].ycor() - 68)
                if block[1] > 4:                     # 按照数字选择数字的颜色
                    block[0].color('white')
                else:
                    block[0].color('#6d6058')
                block[0].write(block[1], align='center', font=('Arial', 27, 'bold'))
                block[0].goto(block[0].xcor(), block[0].ycor() + 20)
        def new_num():                               # 随机出现一个2或4的数字块
            block_list = []
            for i in block_pos:
                if block_dic[i][1] == 0:
                    block_list.append(block_dic[i])           # 挑出空白方块的海龟
```

```python
        turtle_choice = random.choice(block_list)          # 随机选中其中一个海龟
        turtle_choice[1] = random.choice([2, 2, 2, 2, 4])  # 赋属性 num＝2/4
        draw_numbers( * turtle_choice)
        show_score()
        check_win_lose()
def do_move(allpos1, allpos2, allpos3, allpos4)：
    if text_clear is True：
        count1 = move(allpos1)                              # 四列或四行依次移动
        count2 = move(allpos2)
        count3 = move(allpos3)
        count4 = move(allpos4)
        if count1 or count2 or count3 or count4：           # 判断是否有方块可以移动,有才能继
                                                            #    续出现新的数字块
            new_num()
def move(pos_list)：
    num_list = []                                           # 为某一列或行的数字块海龟的坐标
    for i in pos_list：
        num_list.append(block_dic[i][1])                    # 把这些海龟的 NUM 形成 list
    new_num_list, count = num_list_opr(num_list)            # 只是 list_oper 的方法形成新的 list
    for j in range(len(new_num_list))：                     # 把新的 list 依次赋值给对应海龟的
                                                            #    num 属性,并调用 draw()方法
        block_dic[pos_list[j]][1] = new_num_list[j]
        draw_numbers( * block_dic[pos_list[j]])
    return count
def num_list_opr(num_list)：                                # num_list 的操作
    global score
    count = True
    temp = []
    new_temp = []
    for j in num_list：
        if j != 0：
            temp.append(j)                                  # temp＝[2,2,2]
    flag = True
    for k in range(len(temp))：
        if flag：
            if k < len(temp) － 1 and temp[k] == temp[k + 1]：
                new_temp.append(temp[k] * 2)
                flag = False
                score += temp[k]
            else：
                new_temp.append(temp[k])                    # new_temp＝[4,2]
```

```
            else：
                flag = True
        for m in range(len(num_list) - len(new_temp)):
            new_temp. append(0)          # new_temp=[4,2,0,0]
        if new_temp == num_list：
            count = False                # 此变量判断 num_list 有没有变化，数字块有无移动
        return new_temp，count
def move_up()：
    allpos1 = block_pos[::4]            # 切片为四列
    allpos2 = block_pos[1::4]
    allpos3 = block_pos[2::4]
    allpos4 = block_pos[3::4]
    do_move(allpos1，allpos2，allpos3，allpos4)
def move_down()：
    allpos1 = block_pos[-4::-4]
    allpos2 = block_pos[-3::-4]
    allpos3 = block_pos[-2::-4]
    allpos4 = block_pos[-1::-4]
    do_move(allpos1，allpos2，allpos3，allpos4)
def move_left()：
    allpos1 = block_pos[:4]
    allpos2 = block_pos[4:8]
    allpos3 = block_pos[8:12]
    allpos4 = block_pos[12:16]
    do_move(allpos1，allpos2，allpos3，allpos4)
def move_right()：
    allpos1 = block_pos[-1:-5:-1]
    allpos2 = block_pos[-5:-9:-1]
    allpos3 = block_pos[-9:-13:-1]
    allpos4 = block_pos[-13:-17:-1]
    do_move(allpos1，allpos2，allpos3，allpos4)
def restart()：
    global score，text_clear，is_win
    score = 0
    for i in block_dic. values()：
        i[1] = 0
        i[0]. clear()
    show_win_lose_turtle. clear()
    is_win = True
    new_num()
```

```
        text_clear = True        # 此 flag 为游戏达成或失败出现提示语后的判断,要提示语被 clear
                                   后才能继续 move
game_window = turtle.Screen()              # 主窗口的设置
game_window.setup(410, 500, 400, 20)       # 设置主窗口的大小和位置
game_window.bgcolor('gray')                # 设置主窗口的背景色
game_window.title('2048')                  # 设置主窗口的标题文字
game_window.tracer(0)                      # 打开/关闭乌龟动画并设置更新图纸的延迟
game_window.register_shape('block.gif')    # 将一个海龟形状加入 TurtleScreen 的形状列表中,只
                                             有这样注册过的形状才能使用
game_window.register_shape('score.gif')
game_window.register_shape('top.gif')
# 绘制上、下分隔线
turtle.color('white', 'white')   # 设置画笔颜色,将 fillcolor 和 pencolor 都设置为白色
turtle.penup()                   # 画笔抬起——移动时不画线
turtle.goto(-210, 172)           # 海龟移动到指定位置
turtle.begin_fill()              # 在绘制要填充的形状之前被调用
turtle.goto(215, 172)
turtle.goto(215, 162)
turtle.goto(-215, 162)
turtle.end_fill()                # 填充最后一次调用后绘制的形状
# 绘制得分位置图片
turtle.shape('score.gif')
turtle.goto(-120, 210)
turtle.stamp()
# 绘制最高分图片
turtle.shape('top.gif')
turtle.goto(115, 210)
turtle.stamp()                   # 在海龟当前位置印制一个海龟形状
# 定义数字方块的位置坐标
block_pos = [(-150, 110), (-50, 110), (50, 110), (150, 110),
             (-150, 10), (-50, 10), (50, 10), (150, 10),
             (-150, -90), (-50, -90), (50, -90), (150, -90),
             (-150, -190), (-50, -190), (50, -190), (150, -190)]
# 绘制数字方格
turtle.shape('block.gif')        # 将乌龟形状设置为方块背景的形状,用于画出方块背景
for i in block_pos:
    turtle.goto(i)               # 将海龟移到每个方块的坐标
    turtle.stamp()               # 在海龟当前位置印制方块背景
block_dic = {}                   # 放数字方块海龟的字典,key 为位置坐标,value 为对应海龟及
                                   对应的数字
```

```
for i in block_pos:                    # 画出 16 个海龟,对应 16 个数字块
    block = turtle.Turtle()
    block.ht()
    block.penup()
    block.goto(i)
    block_dic[i] = [block, 0]
show_score_turtle = turtle.Turtle()    # 绘制得分的海龟
show_win_lose_turtle = turtle.Turtle() # 显示游戏成功或失败的海龟
is_win = True                          # 游戏成功的标识(得分达到 2048),游戏成功文字仅出现一次
text_clear = True                      # 用来判断失败或成功的提示文字是否被清除,不清除不能继续移动方块
score = 0
with open('.\\score.txt', 'r') as f:
    try:
        top_score = int(f.read())      # 读取 score 中的数据(游戏最高分)
    except :
        top_score = 0                  # 读取异常,默认给 0 分
new_num()
game_window.listen()
game_window.onkey(move_up, 'Up')
game_window.onkey(move_down, 'Down')
game_window.onkey(move_left, 'Left')
game_window.onkey(move_right, 'Right')
game_window.onkey(restart, 'space')
game_window.mainloop()                 # 开始事件循环。必须作为一个海龟绘图程序的结束语句
```

任务 7.2　面向对象方法实现 2048 小游戏

微课

面向对象方法
实现 2048 小游戏

任务分析

本任务使用面向对象的分析方法,实现 2048 小游戏的功能。根据前一任务的分析,2048 小游戏是用户使用上、下、左、右 4 个方向键进行游戏,用户通过移动数字方块将数字合并,如果出现 2048 则游戏胜利,如果没有空白方块且不能再进行数字合并则游戏失败;游戏过程需要实时计算用户得分。

使用面向对象方法分析游戏中的对象有玩家、游戏界面、游戏规则。进一步分析每个对象的功能;其中玩家对象只有一个,玩家动作只是进行上、下、左、右的方向操作;游戏界面对象负责显示 4*4 的游戏方格及玩家当前的分数;游戏规则对象判断玩家是否还有位置可以移动方块。本游戏中的游戏规则比较简单,所以在本案例实现过程中,把游戏规则和玩家两个对象在 Game 一个类中实现。2048 小游戏面向对象分析如图 7-2-1 所示。

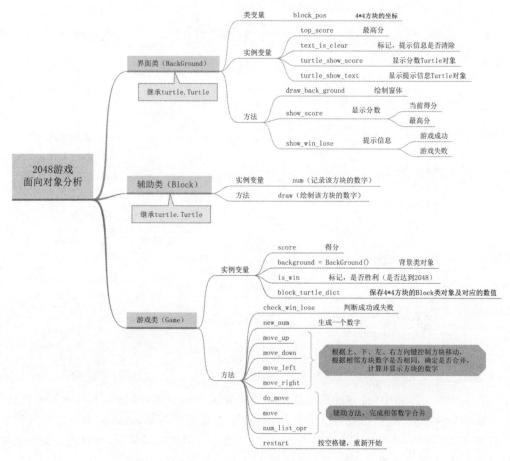

图 7-2-1　2048 小游戏面向对象分析

相关知识点

• 编程规范

在编程过程中,变量、函数、类、方法等各种标识符的命名不仅要遵守语法规则,还应遵守一定的编程规范。不同的项目、不同的公司都有自己的编程规范,在实际的项目里根据不同的要求,按照编程规范编写代码。如果没有明文规定的编程规范,也要有自己的编程规范,以方便代码的阅读和维护。Python 之父 Guido 推荐的编程规范可以作为参考,见表 7-2-1。

表 7-2-1　　　　　　　　　　编程规范参考

类型	公有/外部成员	私有/内部成员
模块 (module)	lower_with_under	_lower_with_under
包 (package)	lower_with_under	

（续表）

类型	公有/外部成员	私有/内部成员
类 （class）	CapWords	_CapWords
异常 （Exception）	CapWords	
函数（function）	lower_with_under()	_lower_with_under()
全局/类常量 （constant）	CAPS_WITH_UNDER	_CAPS_WITH_UNDER
全局/类变量 （variable）	lower_with_under	_lower_with_under
类变量 （Instance Variables）	lower_with_under	_lower_with_under（protected） __lower_with_under（private）
方法名 （Method Names）	lower_with_under()	_lower_with_under()（protected） __lower_with_under()（private）
函数参数 （Function/Method Parameters）	lower_with_under	
局部变量 （Local Variables）	lower_with_under	

　　在实际的工作当中，遵守编程规范是一种职业道德的要求，也是个人职业素养体现。在实际的软件项目中，都需要团队的合作，不能靠个人英雄主义，所以在编写代码过程中不仅要自己能看懂，还要让别人容易看懂，同时还要考虑后期的易维护，所以遵守编程规范是必然的要求，这也要求在开始学习编程时，就要树立正确的观念，养成良好的编程习惯。

任务实现

1. 定义游戏界面类 BackGround，用于游戏界面的绘制

　　因为我们要基于海龟画图进行游戏界面的绘制与显示，所以 Game 类继承 turtle. Turtle 类。

面向对象方法实现
2048 小游戏任务实现

　　BackGround 类要实现背景绘制、显示分数、显示游戏成功或游戏失败，因此定义 draw_back_ground()、show_score()、show_win_lose() 3 个实例方法实现相应的功能。为辅助实现相应的功能，定义 top_score、text_is_clear 两个实例变量记录游戏最高分以及提示文本是否已清除。在显示分数功能中为当前得分和最高分需要根据用户的操作实时刷新显示，不能使用当前类进行绘制，所以定义两个 Turtle 实例对象作为 BackGround 类的实例属性实时显示当前得分和最高分。

```
class BackGround(turtle. Turtle):          # 定义一个类，用来画除了数字方块之外的图形
    block_pos = [(-150, 110), (-50, 110), (50, 110), (150, 110),
                 (-150, 10), (-50, 10), (50, 10), (150, 10),
                 (-150, -90), (-50, -90), (50, -90), (150, -90),
                 (-150, -190), (-50, -190), (50, -190), (150, -190)]
```

```python
    def __init__(self):
        super().__init__()
        self.penup()
        self.ht()
        self.text_is_clear = True          # 用来判断失败或成功的提示文字是否被清除，不
                                           #   清除不能继续移动方块
        self.top_score = 0                 # 游戏最高分
        self.turtle_show_score = turtle.Turtle()
        self.turtle_show_text = turtle.Turtle()
        with open('.\\score.txt', 'r') as f:
            try:
                self.top_score = int(f.read())      # 读取 score 中的数据
            except:
                self.top_score = 0         # 读取异常，默认给 0 分
        self.draw_back_ground()            # 实例画出游戏的背景
    def draw_back_ground(self):
        self.shape('block.gif')            # 画出背景方块
        for i in self.block_pos:
            self.goto(i)
            self.stamp()
        self.color('white', 'white')
        self.goto(-210, 172)
        self.begin_fill()
        self.goto(215, 172)
        self.goto(215, 162)
        self.goto(-215, 162)
        self.end_fill()
        self.shape('score.gif')
        self.goto(-120, 210)
        self.stamp()
        self.shape('top.gif')
        self.goto(115, 210)
        self.stamp()
    def show_score(self, score):           # 分值的显示
        if score > self.top_score:
            self.top_score = score
            with open('.\\score.txt', 'w') as f:
                f.write(f'{self.top_score}')
        self.turtle_show_score.penup()
        self.turtle_show_score.ht()
        self.turtle_show_score.color('white')
        self.turtle_show_score.goto(-120, 175)
```

```python
        self.turtle_show_score.clear()
        self.turtle_show_score.write(f'{score}', align='center', font=('Arial', 20, 'bold'))
        self.turtle_show_score.goto(115, 175)
        self.turtle_show_score.write(f'{self.top_score}', align='center', font=('Arial', 20,
        'bold'))
    def show_win_lose(self, win):
        self.turtle_show_text.color('blue')
        self.turtle_show_text.penup()
        self.turtle_show_text.ht()
        if win:
            self.turtle_show_text.write('        Win！2048 \ n 重玩请按空格键', align=
            'center', font=('黑体', 30, 'bold'))
            self.text_is_clear = False
        else:
            self.turtle_show_text.write('        GAME OVER\n重新开始请按空格键', align
            ='center', font=('黑体', 30, 'bold'))
            self.text_is_clear = False
```

2. 定义 Game 类作为游戏的主要功能类

Game 类需要实现对用户操作的响应、计算以及游戏规则即判断当前是否还有可移动方块的功能。

(1)定义 check_win_lose()实例方法,用来判断用户胜利还是失败的功能,即判断当前是否还有可移动方块的功能。

(2)定义 move_up()、move_down()、move_left()、move_right()四个实例方法,用来完成用户敲击向上、向下、向左、向右四个方向键时的响应业务处理。定义 restart()方法实现游戏重玩功能。

(3)游戏中的 16 个数字方块,每个数字方块会根据用户的操作实时刷新并改变相应的值。为方便记录每个数字方块的数值以及实时变化显示,定义一个辅助类 Block 实现每个位置的数值与显示。Block 类中定义 num 实例变量记录当前方块的数值,定义实例方法 draw()将当前的数值绘制到游戏界面对应的位置。

```python
class Block(turtle.Turtle):                    # 数字方块类
    def __init__(self):
        super().__init__()
        self.ht()
        self.penup()
        self.num = 0

    def draw(self):
        self.clear()
        dic_draw = {2: '#eee6db', 4: '#efe0cd', 8: '#f5af7b',
```

```
            16：'#fb9660', 32：'#f57d5a', 64：'#f95c3d',
            128：'#eccc75', 256：'#eece61', 512：'#efc853',
            1024：'#ebc53c', 2048：'#eec430'}
    if self.num > 0：                    # 数字大于 0,画出方块
        self.color(f'{dic_draw[self.num]}')      # 选择颜色
        self.begin_fill()
        self.goto(self.xcor() + 48, self.ycor() + 48)
        self.goto(self.xcor() - 96, self.ycor())
        self.goto(self.xcor(), self.ycor() - 96)
        self.goto(self.xcor() + 96, self.ycor())
        self.goto(self.xcor(), self.ycor() + 96)
        self.end_fill()
        self.goto(self.xcor() - 48, self.ycor() - 68)
        if self.num > 4：                    # 按照数字选择数字的颜色
            self.color('white')
        else：
            self.color('#6d6058')
        self.write(f'{self.num}', align='center', font=('Arial', 27, 'bold'))
        self.goto(self.xcor(), self.ycor() + 20)
```

(4)在用户游戏过程中,每次移动方块后,需要随机产生一个新数字,定义实例方法 new_num()实现。

(5)定义实例属性 score 记录当前得分,定义实例属性 isWin 辅助判断游戏是否胜利。游戏中 16 个数字方块对应 16 个 Block 对象,定义字典类型的 blockTurtleDic 实例属性,存储每个 Block 对象并与每个方块的坐标对应。

(6)定义 3 个实例方法 do_move()、move()、num_list_opr(),辅助完成数字方块的移动操作。

3.完整代码

```
import random
import turtle
import random
import turtle
class BackGround(turtle.Turtle)：              # 定义一个类,用来画除了数字方块之外的图形
    block_pos = [(-150, 110), (-50, 110), (50, 110), (150, 110),
                (-150, 10), (-50, 10), (50, 10), (150, 10),
                (-150, -90), (-50, -90), (50, -90), (150, -90),
                (-150, -190), (-50, -190), (50, -190), (150, -190)]
    def __init__(self)：
        super().__init__()
        self.penup()
        self.ht()
```

```python
        self.text_is_clear = True        # 用来判断失败或成功的提示文字是否被清除,不
                                         #   清除不能继续移动方块
        self.top_score = 0               # 游戏最高分
        self.turtle_show_score = turtle.Turtle()
        self.turtle_show_text = turtle.Turtle()
        with open('.\\score.txt', 'r') as f:
            try:
                self.top_score = int(f.read())    # 读取 score 中的数据
            except:
                self.top_score = 0       # 读取异常,默认给 0 分
        self.draw_back_ground()          # 实例画出游戏的背景
    def draw_back_ground(self):
        self.shape('block.gif')          # 画出背景方块
        for i in self.block_pos:
            self.goto(i)
            self.stamp()
        self.color('white', 'white')
        self.goto(-210, 172)
        self.begin_fill()
        self.goto(215, 172)
        self.goto(215, 162)
        self.goto(-215, 162)
        self.end_fill()
        self.shape('score.gif')
        self.goto(-120, 210)
        self.stamp()
        self.shape('top.gif')
        self.goto(115, 210)
        self.stamp()
    def show_score(self, score):         # 分值的显示
        if score > self.top_score:
            self.top_score = score
            with open('.\\score.txt', 'w') as f:
                f.write(f'{self.top_score}')
        self.turtle_show_score.penup()
        self.turtle_show_score.ht()
        self.turtle_show_score.color('white')
        self.turtle_show_score.goto(-120, 175)
        self.turtle_show_score.clear()
        self.turtle_show_score.write(f'{score}', align='center', font=('Arial', 20, 'bold'))
        self.turtle_show_score.goto(115, 175)
```

```python
        self.turtle_show_score.write(f'{self.top_score}', align='center', font=('Arial',
20, 'bold'))
    def show_win_lose(self, win):
        self.turtle_show_text.color('blue')
        self.turtle_show_text.penup()
        self.turtle_show_text.ht()
        if win:
            self.turtle_show_text.write('      Win! 2048\n 重玩请按空格键', align=
'center', font=('黑体', 30, 'bold'))
            self.text_is_clear = False
        else:
            self.turtle_show_text.write('      GAME OVER\n 重新开始请按空格键', align
='center', font=('黑体', 30, 'bold'))
            self.text_is_clear = False
class Block(turtle.Turtle):                       # 数字方块类
    def __init__(self):
        super().__init__()
        self.ht()
        self.penup()
        self.num = 0
    def draw(self):
        self.clear()
        dic_draw = {2: '#eee6db', 4: '#efe0cd', 8: '#f5af7b',
                    16: '#fb9660', 32: '#f57d5a', 64: '#f95c3d',
                    128: '#cccc75', 256: '#eece61', 512: '#efc853',
                    1024: '#ebc53c', 2048: '#eec430'}
        if self.num > 0:                       # 数字大于 0,画出方块
            self.color(f'{dic_draw[self.num]}')      # 选择颜色
            self.begin_fill()
            self.goto(self.xcor() + 48, self.ycor() + 48)
            self.goto(self.xcor() - 96, self.ycor())
            self.goto(self.xcor(), self.ycor() - 96)
            self.goto(self.xcor() + 96, self.ycor())
            self.goto(self.xcor(), self.ycor() + 96)
            self.end_fill()
            self.goto(self.xcor() - 48, self.ycor() - 68)
            if self.num > 4:                   # 按照数字选择数字的颜色
                self.color('white')
            else:
                self.color('#6d6058')
            self.write(f'{self.num}', align='center', font=('Arial', 27, 'bold'))
```

```
            self.goto(self.xcor(), self.ycor() + 20)
class Game：
    def __init__(self)：
        self.background = BackGround()
        self.score = 0                      # 游戏得分
        self.is_win = True                  # 达成 2048 的判断,让达成的文字仅出现一次
        self.block_turtle_dict = {}  # 放数字方块海龟的字典,位置坐标为 key,对应海龟为 value
        for i in BackGround.block_pos：      # 画出 16 个海龟,对应 16 个数字块
            block = Block()
            block.goto(i)
            self.block_turtle_dict[i] = block
        self.new_num()
    def check_win_lose(self)：               # 游戏失败及达成 2048 的提示文字
        judge = 0                           # 判断是否还有位置可以移动
        for i in self.block_turtle_dict.values()：
            for j in self.block_turtle_dict.values()：
                if i.num == 0 or i.num == j.num and i.distance(j) == 100：
                    judge += 1
        if judge == 0：                      # 无位置可移动,游戏失败
            self.background.show_win_lose(False)
        if self.is_win is True：             # 此条件让 2048 达成的判断只能进行一次
            for k in self.block_turtle_dict.values()：
                if k.num == 2048：           # 游戏达成
                    self.is_win = False
                    self.background.show_win_lose(True)
    def new_num(self)：                       # 随机出现一个 2 或 4 的数字块
        block_list = []
        for i in BackGround.block_pos：
            if self.block_turtle_dict[i].num == 0：
                block_list.append(self.block_turtle_dict[i])   # 挑出空白方块的海龟
        turtle_choice = random.choice(block_list)   # 随机选中其中一个海龟
        turtle_choice.num = random.choice([2, 2, 2, 2, 4])    # 赋属性 num=2/4
        turtle_choice.draw()
        self.background.show_score(self.score)
        self.check_win_lose()
    def move_up(self)：
        allpos1 = BackGround.block_pos[::4]     # 切片为四列
        allpos2 = BackGround.block_pos[1::4]
        allpos3 = BackGround.block_pos[2::4]
        allpos4 = BackGround.block_pos[3::4]
        self.do_move(allpos1, allpos2, allpos3, allpos4)
```

```python
    def move_down(self):
        allpos1 = BackGround.block_pos[-4::-4]
        allpos2 = BackGround.block_pos[-3::-4]
        allpos3 = BackGround.block_pos[-2::-4]
        allpos4 = BackGround.block_pos[-1::-4]
        self.do_move(allpos1, allpos2, allpos3, allpos4)
    def move_left(self):
        allpos1 = BackGround.block_pos[:4]
        allpos2 = BackGround.block_pos[4:8]
        allpos3 = BackGround.block_pos[8:12]
        allpos4 = BackGround.block_pos[12:16]
        self.do_move(allpos1, allpos2, allpos3, allpos4)
    def move_right(self):
        allpos1 = BackGround.block_pos[-1:-5:-1]
        allpos2 = BackGround.block_pos[-5:-9:-1]
        allpos3 = BackGround.block_pos[-9:-13:-1]
        allpos4 = BackGround.block_pos[-13:-17:-1]
        self.do_move(allpos1, allpos2, allpos3, allpos4)
    def do_move(self, allpos1, allpos2, allpos3, allpos4):
        if self.background.text_is_clear is True:
            count1 = self.move(allpos1)   # 四列或四行依次移动
            count2 = self.move(allpos2)
            count3 = self.move(allpos3)
            count4 = self.move(allpos4)
            if count1 or count2 or count3 or count4:    # 判断是否有方块可以移动,有才能继
                                                        #  续出现新的数字块
                self.new_num()
    def move(self, pos_list):
        num_list = []                        # 为某一列或行的数字块海龟的坐标
        for i in pos_list:
            num_list.append(self.block_turtle_dict[i].num)   # 把这些海龟的 num 形成 list
        new_num_list, count = self.num_list_opr(num_list)    # 只是 list_oper 的方法形成新的 list
        for j in range(len(new_num_list)):   # 把新的 list 依次赋值给对应海龟的 num 属性,并
                                             #  调用 draw()方法
            self.block_turtle_dict[pos_list[j]].num = new_num_list[j]
            self.block_turtle_dict[pos_list[j]].draw()
        return count
    def num_list_opr(self, num_list):        # num_list 的操作
        count = True
        temp = []
        new_temp = []
```

```
            for j in num_list:
                if j != 0:
                    temp. append(j)        # temp=[2,2,2]
            flag = True
            for k in range(len(temp)):
                if flag:
                    if k < len(temp) - 1 and temp[k] == temp[k + 1]:
                        new_temp. append(temp[k] * 2)
                        flag = False
                        self. score += temp[k]
                    else:
                        new_temp. append(temp[k])     # new_temp=[4,2]
                else:
                    flag = True
            for m in range(len(num_list) - len(new_temp)):
                new_temp. append(0)    # new_temp=[4,2,0,0]
            if new_temp == num_list:
                count = False          # 此变量判断 num_list 有没有变化,数字块有无移动
            return new_temp, count
        def restart(self):            # 重开游戏的方法
            self. score = 0
            for i in self. block_turtle_dict. values():
                i. num = 0
                i. clear()
            self. background. turtle_show_score. clear()
            self. background. turtle_show_text. clear()
            self. background. text_is_clear = True     # 此 flag 为游戏达成或失败出现提示语后的
                                                       #   判断,要提示语被 clear 后才能继续 move
            self. new_num()
if __name__ == '__main__':
    game_window = turtle. Screen()    # 创建游戏主窗口
    game_window. setup(410, 500, 400, 20)     # 设置主窗口的大小和位置
    game_window. bgcolor('gray')      # 设置主窗口背景颜色
    game_window. title('2048')        # 设置主窗口的标题
    game_window. tracer(0)            # 关闭乌龟动画
    game_window. register_shape('block. gif')    # 注册海龟形状,将形状加入 TurtleScreen 的
                                                 #   形状列表
    game_window. register_shape('score. gif')
    game_window. register_shape('top. gif')
    game = Game()                     # 创建游戏实例
    game_window. listen()             # 开启事件监听
```

```
game_window. onkey(game. move_up，'Up')        ♯ 向上键监听响应事件，当敲击向上键时，
                                                    调用 game. moveUp()方法进行处理
game_window. onkey(game. move_down，'Down')
game_window. onkey(game. move_left，'Left')
game_window. onkey(game. move_right，'Right')
game_window. onkey(game. restart，'space')
game_window. mainloop()            ♯ 开始事件循环
```

项目小结

    本项目通过面向过程和面向对象两种分析方法，完成 2048 小游戏的设计与实现。通过对本书所学的 Python 相关知识(包括基本语法、列表、字典、函数、类、文件操作等)进行综合运用，提高学习者的问题分析能力、编程能力、综合实践能力。

参 考 文 献

[1] [美]埃里克·马瑟斯(Eric Matthes). Python 编程从入门到实践[M]. 2 版. 北京:人民邮电出版社,2021.

[2] 芒努斯·利·海特兰德(Magnus Lie Hetland). Python 基础教程[M]. 2 版. 北京:人民邮电出版社,2018.

[3] 明日科技(Mingri Soft). 零基础学 Python(全彩版)[M]. 长春:吉林大学出版社,2021.

[4] 嵩天,礼欣,黄天羽. Python 语言程序设计基础[M]. 北京:高等教育出版社,2017.

[5] 关东升,赵大羽. 看漫画学 Python[M]. 北京:电子工业出版社,2020.

[6] [美]阿尔·斯威加特(AI Sweigart). Python 编程快速上手[M]. 2 版. 北京:人民邮电出版社,2021.

[7] 董付国. Python 程序设计基础[M]. 2 版. 北京:清华大学出版社,2018.